再见，敏感肌！

健康皮肤养成指南

龚瀛琦 / 主编

中信出版集团 | 北京

出 版 人　许可
主　　编　龚瀛琦
执行主编　张舒卓
责任编辑　李小露　王萌萌　陈熙
设计总监　吴纳
设　　计　张依雪　沈依宁　刁姗姗
摄　　影　高晨玮
营销编辑　曾小洋
封面摄影　王海森

用心生活 认真花钱

扫描二维码关注
清单公众号

图书在版编目（CIP）数据

清单. 再见，敏感肌！：健康皮肤养成指南 / 龚瀛
琦主编. -- 北京：中信出版社，2019.10（2020.11重印）
ISBN 978-7-5217-1017-5

Ⅰ. ①清… Ⅱ. ①龚… Ⅲ. ①皮肤－护理－基本知识
Ⅳ. ①TS974.11

中国版本图书馆CIP数据核字(2019)第203898号

清单. 再见，敏感肌！：健康皮肤养成指南

主　　编：龚瀛琦
出版发行：中信出版集团股份有限公司
　　　　　（北京市朝阳区惠新东街甲 4 号富盛大厦 2 座　邮编　100029）
承 印 者：北京利丰雅高长城印刷有限公司

开　　本：787mm×1092mm 1/16　　　印　　张：9.5
插　　页：3　　　　　　　　　　　　字　　数：120 千字
版　　次：2019 年 10 月第 1 版　　　印　　次：2020 年 11 月第 2 次印刷
书　　号：ISBN 978-7-5217-1017-5
定　　价：69.00 元

CORE

清洁

人人都可能成为敏感肌

————

　　刚毕业的时候，和闺密一起住。有天临睡前，她哭着跑来跟我说："上次敷这个面膜，我已经觉得脸有点疼了。但今天我又去敷了，现在脸肿得不能见人，你说我怎么这么傻呀？"我看着她又红又肿的脸，转身就把洗手池旁边剩下的大半罐面膜扔进了垃圾桶。"扔掉扔掉，再也不想看见它了。"当时我们都以为，一定是这个面膜含有什么刺激皮肤的成分。

　　但从此之后，她的脸就再也没消停过，经常出现敏感的情况。最严重的时候，她从外地回北京，一下飞机吹到风，脸就开始灼热发红。那个冬天雾霾特别严重，出门根本离不开口罩，不仅是为了保护呼吸道，还为了遮挡脆弱的脸颊。而脸越糟糕，她急于改变的心情也就越迫切，贵妇护肤品、美容院、精油按摩、中医，只要能想到的方法她都不遗余力地尝试。最终，也还是没能把脸"救"回来。反反复复的敏感让她决定离开北京，去湿润、干净的南方。

　　后来我才意识到，当时闺密的情况，就是典型的因为护肤不当所导致的敏感肌。她每周去美容院做脸；没事就敷个面膜，有时看剧看入迷了也不记得拿掉；免税店里没买够上万元的护肤品，你休想把她拖走。过度清洁、过度敷面膜、过度护肤……原本健康的皮肤屏障，就这样被一点点摧毁。

　　而她绝不是一个特例，在这期特辑里，你会读到 Hana 和李叨叨的故事。Hana 为了让自己皮肤变白，不知道买了多少面膜，最后被诊断出"激素脸"，才知道有些产品里违法添加了激素。李叨叨是一个外科医生，他对人体、医学的认知水平已经远超普通人，也依然在护肤这件事情上踩了坑，因为用了不适合的酸类产品而加入了"敏感肌"的阵营。

　　是他们真的"傻"吗？当然不是，是他们太想变美了。而变美有成本，不只是买护肤品的成本，还有学习和试错的成本。护肤品是一把双刃剑，它可以改变你的皮肤状态，结果可能变好也可能变坏。所以，更重要的还是认识你自己的皮肤，了解它的基本结构和代谢规律，理解每一个护肤步骤的根本目的，再考虑用合适的产品和方法去保护它、改善它。

　　"人人都可能成为敏感肌。"世界畅销护肤书籍作者宝拉·培冈曾经这样说过，这真的不是危言耸听，因为一不留神，"护肤"就有可能变成"毁肤"。而清单编辑部做这本《再见，敏感肌！》特辑的目的，就是希望有更多的人能从问题的根源来理解敏感的原因，科学地管理自己的皮肤。

　　回想 5 年前，我和欧阳不通刚刚创办"清单"，最初的想法是把那些可以改善生活的好东西分享给更多人。在这期间，我们研究了上百个商品的品类、写了几千篇原创作品，从一个微信公众号发展成为一个新媒体矩阵，现在有了将近 600 万粉丝。但在这个过程中，我越来越感受到"授人以鱼不如授人以渔"，我们更应该把认识自己、理解生活、研究商品的方法告诉更多人——消费首先并不关乎商品或购买，它关乎我们自己，我究竟需要什么、向往什么？钱可以买到昂贵的商品，却买不到有品质的生活。

　　我们想系统地输出一套可以让生活变得更加美好的解决方案，它不是高高在上、脱离现实的，而是每个人都可以习得的。我自己也没有想到，从当初有这个念头，到《清单》特辑第一期真的被印刷出版，竟然花了 9 个多月的时间。而护肤只是一个开始，在往后的特辑里，我们会继续关注睡眠、饮食、清洁、呼吸、健身、宠物……一切和美好生活相关的问题。

　　如果看完这本特辑，你能更理性地认识到，解决"敏感"的根本出路在于自己的生活习惯，商品应该服务我们的需求，而不是奴役我们的欲望，那我会非常欣慰。很多时候我们缺的不是好用的商品，而是自我的觉知。这才是离真正"好的生活"又近了一步。

主编

李瀑明

从全球范围来看，
中国敏感肌比例并不高，约为 45%

敏感是天生的吗？

中国人适合用
国外的护肤品吗？

敏感和种族有关吗？

面膜用得越多越敏感吗？

非常敏感(%)	相当敏感(%)	轻度敏感(%)	不敏感 (%)

法国[1]	德国[1]	日本[1]	韩国[1]	美国[1]	巴西[1]	中国北上广[2]
80.8%	**58.2%**	**94.5%**	**90.4%**	**79.3%**	**66.8%**	**45%**
敏感	敏感	敏感	敏感	敏感	敏感	敏感

敏感性皮肤在世界各国均有较高的发生率。虽然存在一定的调查误差，
但中国北京、上海、广州三大城市敏感性皮肤的发病率显著低于欧洲、美洲地区以及日、韩等亚洲国家。

---

[1] 《敏感性皮肤综合征》(第 2 版)，霍纳里，安德森，迈巴赫著，杨蓉娅、廖勇主译，丛林副主译，北京大学医学出版社，2019 年 1 月。　　[2] 《敏感皮肤解决方案》，德之馨内部资料，2018 年 1 月。

但近十年来，
中国一线城市敏感肌比例显著升高

国产护肤品更适合
亚洲人皮肤吗？

美妆博主能拯救你的
敏感肌吗？

敏感和环境污染有关吗？

敏感是主观感受吗？

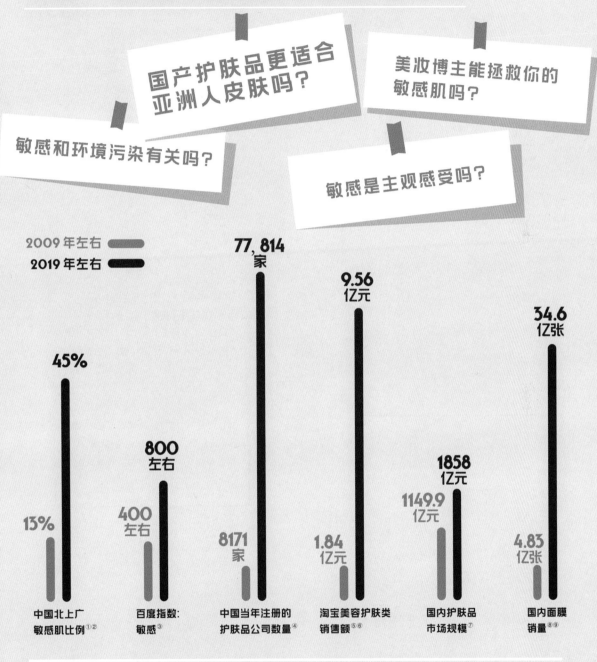

2009 年左右
2019 年左右

45%
13%
中国北上广
敏感肌比例[1][2]

800
左右
400
左右
百度指数：
敏感[3]

77,814
家
8171
家
中国当年注册的
护肤品公司数量[4]

9.56
亿元
1.84
亿元
淘宝美容护肤类
销售额[5][6]

1858
亿元
1149.9
亿元
国内护肤品
市场规模[7]

34.6
亿张
4.83
亿张
国内面膜
销量[8][9]

敏感肌比例升高，与护肤意识的觉醒、护肤品行业的发展息息相关。

① 《敏感性皮肤综合征》（第 2 版），作者：霍纳里，安德森，迈巴赫，
杨蓉娅、廖勇主译，丛林副主译，北京大学医学出版社，2019 年 1 月。
② 《敏感皮肤解决方案》，德之馨内部资料，2018 年 1 月。
③ 百度指数（index.baidu.com）
④ 天眼查（www.tianyancha.com）

⑤ 2009 年淘宝全网类目成交数据
⑥ 2018 年淘宝全网类目成交数据
⑦ 欧睿国际、中信建投证券相关报告
⑧ 中研普华相关报告
⑨ 恒州博智研究中心相关报告

沉冬儿

现在 T 区出油，鼻头毛孔粗大又有红血丝，脸颊有斑也有红血丝。4 年前做过激光祛斑，当时就颧骨处有一点点斑，做完后一个礼拜脸就变得非常红，红了一个礼拜后，那一大片反而变黑了，一年不敢出门。

小惠

我是干皮，换护肤水导致的过敏、瘙痒。最糟糕的时候，脸会灼热、红肿、刺痛，整个人没有精神，晚上睡不着，需要打点滴和吃消炎药。我也搞不清楚自己用的到底是什么护肤品，就是美容院推荐的。

心悦

以前不注意保养，两年前还毛囊发炎，全脸像过敏一样，不敢抬头看别人，不敢出门……

杨晓雯

我皮肤很糙，脸上有很多红血丝，毛孔也大，尤其是鼻翼两侧，鼻子有黑头，T 区油腻，角质层很薄很薄，只要碰刺激性的东西，比如吃辣、咸、酸、烫的食物，甚至天气太冷或太热、风大、烟大，我脸就会很红很红。

所以我很少照镜子，除了早晚擦脸，其他时候基本不照，所谓眼不见心不烦嘛。我觉得每天都过得很糟糕，尤其月经来的前几天，感觉自己的脸都可以用"恶心"形容了。

杨洋

最糟糕的时候是因为跟风用了某些激素护肤品导致激素脸，满脸都是红色痘痘，而且脸上还经常红痒。现在皮肤还是有一些痘印，偶尔发红，有熬夜、饮食、热气问题时，会长几颗小痘。想要维稳和美白吧，但护肤是长久的事情，急不得。

雪轩

最糟糕的是今年春季换季皮肤爆皮，严重缺水，我妈妈认为我只配使大宝和郁美净。

小丝鸭

我是东北人，老家在长春，调到厦门工作后，脸上就各种长痘，一度烂脸。看了医生，喝中药、用阿达帕林都感觉不太行……我的工作又是空勤，每天必须化妆，要一层一层遮盖，加上熬夜严重，平均每周最少 3 天吧，真的痛苦。

静雪

我的皮肤大问题没有，就是经常容易红，但好像不是因为过敏，大太阳一晒，或者笑，或者稍微一运动，脸就红了。脸红微热，我也很苦恼，这是敏感肌吗？

司女士

因为换季加上更换护肤品，引起了非常严重的屏障受损。在上海华山医院看的皮肤科，医生要求我半个月内什么都不要用，每天裸脸，只用清水洗脸。

从最初的满脸红肿脱皮，到现在的消肿褪红，已经好了很多。但是脱皮还没好，脸摸上去毛毛的，心情也很恶劣。我知道恢复需要耐心和时间，希望快点好起来。

关于敏感肌，我有话说

编辑 李小露　设计 刁姗姗

"

我的激素脸治愈史

自述 Hana　撰文 李小露　设计 NA　摄影 Kuzi　摄影助理 程澜欣

我现在最后悔的,就是在二十多岁最美好的年纪里,
太折腾自己的脸了。

　　我还留着激素脸时的一些照片,但我猜你应该不想看,那脸太恐
怖了,红肿得我老公说像个猪蹄,还一片片地流黄水、结痂、掉痂,跟
毁容了一样。

　　从 2016 年到现在,整整 3 年啊,每天都非常焦虑烦躁,就想自
己怎么会变成这个样子。为了让脸变好,钱几千几万地不断花出去,中
医、西医、美容院,还有朋友推荐的护肤品我都试,试到最后最怕听人
跟我讲什么"在代谢""要耐心"……

　　如果不是一张张的激素面膜,我用大牌的、正常的护肤品,也就是
个普通女孩子的脸,好不好另说,至少没什么大问题。现在脸虽然基
本恢复到了正常样子,却很难再像以前那样健康了。

为了变白,
我不知道用了多少面膜

　　我皮肤底子很好,毛孔很细,脸也水润润的,就是肤色不均,有点黑。
其实也不能算黑,是很健康的小麦色。加上我眼窝深,有点混血的感觉,
还有人说我长得像昆凌呢。

　　但我就是介意自己的"黑"。我有 3 个姐姐 1 个弟弟,都遗传了我
妈妈的白净,就我不是。身边所有人包括我老公也白,连我婆婆都说"没

自述人　**Hana**　28岁,全职太太,现居福州

我的脸开始发红发烫，
而且次数越来越多。

见过你这么黑的"……我因此十分渴望变白，网上看到的、朋友分享的美白方法，我都会试一试。

效果最快最明显的是面膜。我现在知道敷完面膜后皮肤水润嫩白的效果很多是即时、短暂的，但那时候不知道啊，也没人告诉我这些，我看到的结果就是面膜能美白，管用。

二十岁出头时没什么钱，淘宝、代购、微商，只要价格能承受人家说有用的美白面膜我都买，什么片装的、涂抹的，用过好多好多种。

到了 2016 年那会儿，有个叫"俏十岁"的微商面膜很火，还有韩国的针剂面膜，牌子不记得了，我真的用了太多面膜，根本记不过来。敷了它们之后皮肤确实非常明显地变得白皙透亮，而且效果能持续到第二天，涂粉底都感觉好贴妆。一般我每周敷一两次面膜，看到效果这样好的，更会狂敷，有时候隔天敷一次。

就这么用了半年多吧，有点不对劲了。我的脸开始发红发烫，而且次数越来越多。有时候是在室外晒了太阳，觉得可能是晒伤，回家就敷一片面膜想镇静一下皮肤，发红发烫确实有所缓解。但慢慢的，那些个面膜我一旦哪天不敷，脸不但不变白，反而暗沉起来，到后来甚至开始长红色的小疙瘩、小闭口，有时还会脱皮。

我有点慌，跑去看中医。医生说是过敏，问题可能出在面膜上，叫我停用一段时间看看。这一停用，完了，开始烂脸了。

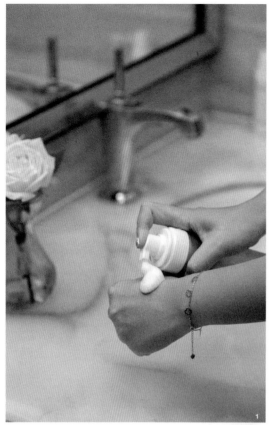

红肿刺痒痛，
反反复复地折磨

停用面膜后，最严重时脸上会发红疹，冒长脓头的小疙瘩，一粒一粒的，尤其在脸颊这两块，有一两个月不停地流黄水，还会感觉到里面的肉肉在跳，好像有什么东西在动、要出来了。

而且黄水流出来后会结痂，结痂后变成黄色的皮，像蛇身上的皮一样是会掉下来的。掉完之后有新生的皮出来，很稚嫩的粉红色的皮，那一块的角质层非常薄，大晴天简直没法出门，出去就是一张关公脸回来，特别吓人。

红肿、刺痒、痛的折磨更是从早到晚不带停的。白天只要到有阳光的地方，脸颊就发烫，红肿得不行。到了晚上，又觉得脸上这也痒那也痒，想拼命挠但又要忍住不挠，不然脸会被挠花挠烂。一到换季更可怕，一整天都好痒啊。还有肿胀感的痛，像摔跤摔肿了个包，用手按肿包的那种痛。

那段时间整个人就很沮丧，也不怎么出门，偶尔出门一定戴口罩，每个人看到我都问"啊你脸怎么了"，我只好说"过敏了"。可是我也知道不对啊，怎么会一直过敏一直没好呢？

后面又看了很多次医生，好几个医生都说可能是用的面膜添加了糖皮质激素，让脸形成了激素依赖性皮炎，也就是所谓的激素脸。他们建议我停用面膜，用清水洗脸，什么护肤品都别用，也开了一些治皮炎的药给我，比如卤米松乳膏、百多邦之类的。用了一段时间药觉得好多了，然后我又继续用别的面膜了……

天哪，现在想起来都觉得自己是不是傻，这根本就是作死嘛。可能当时我内心也不是特别相信医生吧，觉得没到激素脸那么严重。而且不用任何护肤品的话，真的难受得不行。

我急切地想把脸救回来，但没人告诉我具体应该怎么做，只能自己琢磨自己上网查，这个过程踩了不少坑。

代谢来代谢去
折腾一年多，我真的受不了了

最开始是去美容院。

福州有家很有名的连锁美容院，它家用的护肤品据说是有机、纯天然的，什么添加剂都没有，我就抱着试试看的心态找过去了。结果它家那个水啊精华啊一拍打一按压，完蛋了，我脸上又发起来很多红疹子，从脸到脖子，都痒死了。

美容院的人一看，非常肯定地说"你这个绝对是激素依赖性皮炎"，一定要做"弹水"。"弹水"就是用特殊手法在脸上弹跳按摩，"让纯天然的水进去，让激素代谢出来，这样才能靠皮肤自身的修复能力和抵抗力好起来"。还说我现在年轻，要是等到三十多岁再做，它家的产品对我就没有效果了。

我信了，在这家美容院做了半年多。你知道有多贵吗，套餐里只有 10 次服务，每次要 3700 元，还要买用到的产品，比如一个精华一个霜，精华要 2000 多元，霜要 1000 多元。关键是好几万块钱花进去了，脸并没有好啊！这就是个大坑。

身边的亲戚朋友也会给我推荐。像我姐说，要不用大牌的护肤品调理一下。

我想想觉得有道理，之前用的都是佰草集、倩碧、兰蔻这种，更大牌的护肤品说不定用了能缓解红肿、刺痒、痛。那时跟老公结婚了，经济上也更宽裕，就花七千多买了一套海蓝之谜（LA MER），那个面霜是放手心里捂化后按压到脸上的，感觉就很高端，但用了之后也没觉得它让我皮肤变好，还是红、痒、脱皮。

其间也尝试用了很多其他护肤品，反正就是折腾，跟之前一心想美白差不多，这回是一心想把脸救回来。

再后来朋友介绍了舒适地带（comfort zone），一个意大利SPA品牌。还有我姐推荐的美希（maicy），国内一个主打生物科技的护肤品牌。美希有护肤顾问，给我最大的帮助是搞明白了激素脸是怎么回事、正确的护肤该怎么做。

激素依赖性皮炎是因为长期用加了激素的产品导致的皮肤过敏症状，是一种很难治愈的炎症，配合药物，也可能 1～2 年都好不彻底，而且因为主要依靠皮肤的自我更新，其间红肿、刺痒、痛的反应很难避免，还可能反反复复，要有心理准备。

除了停用有问题的产品外，护肤上最重要的是修护皮肤屏障，美白类的是不能用了，首选舒缓和修护类的。还要注意防晒，饮食上也得忌口，像我，海鲜、刺激的、辣的都戒了。

从 2017 年到现在，两年我都在治疗、调理。几乎每天都冒各种小疙瘩，美容顾问跟我说这是代谢，很正常。有时也流黄水，结痂掉痂，一波下去另一波又来了，真的受不了，跟顾问说这代谢多久了，好烦啊，她就一直安抚我，跟我说要有耐心啊，激素脸就是这个样子的。

我想遭这罪也是应该的吧，之前用了太多乱七八糟的东西，我给皮肤带来了什么样的伤害，后面就得承受它反过来给我的加倍伤害。

不再执着于美白，
皮肤屏障稳定比什么都重要

我现在皮肤基本恢复了正常样子，只是变得特别敏感，角质层很薄，稍微阳光暴晒，跟正常人比，脸红得还是很快。

虽然有些小斑点，也没再折腾了，顺其自然。我是醒悟了，自己肤色就是小麦色，做好防晒不被晒得更黑就好。以前那么介意自己黑，用了那么多护肤品，也没见变白多少，最后还搞成了激素脸，何必呢？执着于美白没必要，皮肤状态稳定才是根本。

我也很想跟身边的女孩子们说，别去折腾，破坏了角质层，破坏了皮肤屏障，很难救回来的。

还有，要从正规渠道买正规护肤品，实在不会选就挑大牌的，它们可能功效上不快速不明显，无功过过，但起码成分安全，不会把你的皮肤搞得更糟糕。我以前没有用大牌，买的都是一些乱七八糟的东西，皮肤吃了激素之后跟抽鸦片一样，后遗症是非常让人痛苦的。

我也没再想过去美容院，他们脸部护理那一套我不信了。什

1. 常用洁面是安质乳酸素水润洁面慕丝。
2. 常用精华是美希的精华。
3. 现在常用的护肤品们。

么韩式皮肤管理，什么小气泡，其实都只是暂时把你的皮肤清洁了，显得好而已，如果没有充足的睡眠、适量的运动，以及饮食、护肤上的各种注意，脸上该有什么问题还是会有的。

现在我就想，等炎症完全好了以后去做做医美，线雕、射频或者超声刀都行，也考虑过打玻尿酸，因为发现自己右边令纹深一些，想抗皱。等炎症好了，35 岁左右了，就去试试，现在二十八九岁还算年轻，没必要花那么多钱。而且线雕要是做得好的话还挺好的，要是做得不好，那又完蛋了。

编辑手记

就目前而言，激素依赖性皮炎的彻底治疗是一个艰难的过程。一来治疗时间长，一般需要几个月甚至数年；二来其间会有反复，持续的红肿、刺痒、痛，常人难以忍受。除了药物以外，日常的护肤、饮食、作息等也要配合到位，不然容易前功尽弃。

如果你被确诊为激素依赖性皮炎，一定要遵医嘱，立即停用有问题的产品，该外敷、口服的药按时按量使用，护肤以修护皮肤屏障为主，不要过度清洁面部，同时做好保湿，注意防晒，清淡饮食。

千万不要单纯追求短时间见效，持之以恒地慢慢调理才更有助于早日治愈。

STORY 故事

我把脸当实验田，
自己折腾的自己救回来

自述 李叨叨　撰文 李小露　设计 NA　图片来源 李叨叨

再碰上可能有效但也可能有风险的护肤品，我还是会尝试。

　　我一个外科医生，顶着一张敏感肌的脸，痒起来时，那场面实在是又难受又搞笑。

　　你能想象一个医生戴着口罩，一本正经的外表下，其实在努力伸舌头舔自己脸挠痒痒的样子吗？我就这样，而且有时更无奈。给病人做手术时，就算脸痒得挠心挠肺也不能用无菌的手去碰，实在忍不住了，只好把护士喊过来，请她转身，我像只猫一样把脸靠在她背上蹭一蹭止痒。

　　手术需要专注，但敏感肌时不时的痒和痛让我分心。整个面部皮肤在拼命刷存在感、博关注，像个熊孩子般不停地大声喊"我在这里""我不舒服""你快看我"。这种感觉是很累的。

　　搞成这样我怪不了谁，都是自己作出来的。

作成敏感肌，
全因为无知无畏

　　一切开始于我想去掉脸上的痘印痘坑。

　　我是混油皮，青春期时脸上油脂分泌更是旺盛，长了很多带脓包、红肿的痘痘。到 2016 年读博那会儿，痘痘总算消了，但留下一大片深红、深黑色的痘印痘坑，在本来偏白的皮肤上特别显眼，尤其是额头和苹果肌那里。朋友给我拍照，想用仿制图章修图都无从下手，因为我脸

自述人　**李叨叨**　29岁，梅奥诊所整形外科学博士后，华中科技大学同济医学院附属协和医院主治医师，现居美国明尼苏达州

不管男女，

从皮肤健康的角度来说，

护肤还是有必要的。

上基本没一块好皮能用来"仿制"了……

看到自己满脸麻子的样子，我是有一定心理障碍的。那时混豆瓣，一些护肤小组说修丽可的精华特别适合去痘印痘坑，还能让皮肤变光滑。出于实验精神，我就买了它家的维生素 CE 复合修护精华液来用。

放到今天来看，当时用那款精华液可谓"重口"，而且有点不顾后果。

功效是有的。精华液里的 C 是维 C，还有 0.5% 的阿魏酸，都有剥脱角质层的作用；E 是维 E，舒缓的抗氧化剂，能起到维持皮肤稳定的作用。三者搭配，确实可以有效美白去痘印。

但问题在于，第一，酸的浓度高，其中左旋维 C 达到了15%；第二，我用的剂量大，早晚各一滴管，还连续用了好几周。

其实早在用到第三天时，脸就开始有点痒、有点烧。敏感的导火索已经点燃，但无知的我还在作死的道路上狂奔不止，甚至煽风点火。

我家离协和医院大概 5 公里，每天骑自行车上下班，在武汉很不温柔的春夏之交，前一天迎着冷风呼啸而行，今天又头顶烈日，隔天再砸一场小冰疙瘩，嚯，一天天的还觉得自己锻炼身体可带劲儿了，从来没想过做做防晒或者涂点面霜保湿什么的。

因为我那时相当鄙视男人护肤，觉得太做作了。什么水、精华、面霜，本质不是一样的吗？就算不一样，一层一层糊到脸上，最后还不是混一起了，又有什么意义？

终于，某天醒来，我发现脸彻底崩掉了，自己已经一脚迈入敏感肌大营。

最严重时，整个脸颊和嘴唇一圈成天泛红，皮肤像是皲裂开很多小伤口后又愈合，结了一层细小的痂，摸上去不仅粗糙而且有烧灼的疼痛感。还痒，像有洗不掉的细绒毛黏在脸上，你拿它没办法，一挠就出红色印子，过大半个小时才消下去。

这时我才有点后悔，看来不管男女，从皮肤健康的角度来说，护肤还是有必要的。

靠 1 个思路 4 种成分，总算救回了脸

虽然不再轻视护肤，但作为医生，我还是认为医学更能解决敏感肌问题，毕竟它是一种皮肤病症状态。

人体任何一个器官，包括皮肤，都是精密而复杂的。身体的不适，往往可以向下追溯到细胞层面，最后到分子与分子间的相互作用。打个比方，一座城市的某处有小范围骚乱暴动，如果从万里高空俯瞰，它可能只是个都市奇观，但深入到暴动内部，其实是人与人的相互作用，想要解决暴动，本质是搞定人与人之间的问题。

敏感肌也如此。它表现出的红、痒、痛，是皮肤屏障遭到破坏后的问题，构成皮脂膜角质层的细胞受损了，那么修护自然也要围绕它们来。

我的思路很简单，首先保护好残存的皮脂膜，其次修复和重建新的皮脂膜。前者关键在于温和清洁，比如不需要经常使用清洁剂洗脸，避免使用含有皂基的洁面产品。后者主要考虑使用含神经酰胺、角鲨烷、玻尿酸和生长因子这 4 种成分的产品。

皮脂膜的构成需要神经酰胺的参与，角鲨烷可以模拟皮脂膜的成分，玻尿酸是保湿剂，而生长因子，尤其是EGF 表皮细胞生长因子，能跟施肥料一样，让皮肤表层的角质细胞更快分裂增殖，促进皮肤屏障的修复。

另外，修复期间尽量少用其他护肤品，因为它们很可能成为过敏原，让皮肤再度敏感。

这回我没敢太折腾，本着务实精神，产品用的主要都是原液，有点对症下药的意思。而且既然是成分一样的原液，也就没必要为品牌溢价花更多钱，百元之内就行了。

比如角鲨烷，开始我用日本哈芭（HABA），之后很快换成了美国 Timeless。玻尿酸也从润百颜换成了Timeless。生长因子则是我每三周去一次医院，进行生长因子的微针治疗，使用的是伊肤泉微针美塑套组，效果温和。

差不多过了两个月，我的皮肤状态就有了明显好转。这让我很兴奋，证明关注成分是对的，选择护肤品的本质说到底是看成分，这跟医生用药是差不多的一套原理。

不过事实证明，我还是把护肤和护肤品想简单了。

护肤和护肤品，确实是门学问

鉴于对症下药的有效性，修复敏感肌之后那段时间，我成了一名"成分爱好者"。我特别喜欢有"原料桶"之称的The Ordinary，它主打的就是单一成分或多种成分的简单复合，用起来明了又省心。但很快问题来了。

我发现，The Ordinary 10% 烟酰胺 + 1% 锌维他命净颜乳用了会让我的脸特别痒，可同时在用的玉兰油小白瓶也主打烟酰胺，用着就没有任何不适。且按理说，The Ordinary 的烟酰胺浓度比玉兰油高，效果也应该更好，然而实际用下来感觉并不明显。

研究了两家的背景、技术后，我才意识到，对护肤品来说，成分如何只是一方面，制作工艺和配方体系也很重要，它们是维持成分稳定性、活性的关键。

The Ordinary 没有一个好的体系去维持烟酰胺的稳定，烟酰胺可能在倒出来后分解成烟酸，烟酸对皮肤有很强的刺激性，涂在脸上就痒了。它还添加了锌和戊二醇做增稠剂，黏黏的，使用感也就不如玉兰油好。

我以为自己经历过敏感肌的折腾，分析起成分来得心

应手，算得上半个护肤品行家了，结果发现还有很多门道值得研究。

平常生病的话，人可以对症下药，但任何药物虽然有核心成分，也依旧有一个体系去维持和保障其功效。比如需要缓慢释放 24 小时的，会添加一些包裹成分，让药物逐渐释放。制药精细而复杂，绝不是单一成分吞下去就可以达到效果的。护肤也是如此，皮肤出现了些许小问题，单一成分虽有效，但如果上脸很快失去活性，或分解为其他副产物造成皮肤负担，就会没有效果或得不偿失。

果酸、水杨酸、杏仁酸齐下手，我追求最大功效，但不认为它是激进的

皮肤敏感后，我经历了 3 个护肤阶段，从巩固期、温和护肤期到现在追求最大功效，护肤逐渐变得粗犷起来。一个最显著的变化是，我很爱用酸类产品。

比如最近用的好莱坞网红品牌格莱魅的 six acid（六酸），它是六种酸类的复合产品。还有修丽可发光瓶，也是曲酸和多个美白相关成分的配方。这些猛药放一块儿用，我没觉得不舒服。

甚至可以说，感觉皮肤重新变得强韧耐受了，有点有恃无恐吧。最主要的是，29 岁的我希望自己别老得那么快。如果有什么产品可能有效，但同时可能有风险，我也一定会尝试。其实一直以来，我就很爱尝试。

拿博乐达超分子水杨酸祛痘调理凝露来说。一般我不敢试比较高浓度的水杨酸，因为它很可能让我的皮肤发痛甚至刺激性爆痘，一夜回到解放前。但博乐达我还是试了，一来它是国货，在我心里有加分；二来我知道它很多临床数据，使用效果确实不错。虽说对我有风险，但值得一试。我不觉得这做法激进，因为前提是我皮肤耐受和了解产品，能把握度。

同时，我也一直坚持使用一些维护皮肤屏障的成分，如上面提到的玻尿酸和角鲨烷，可以为我刷酸的旅程保驾护航。

比较无奈的是，我现在脸耐受了，身体却基本每天都过敏。

这回不是我折腾，是环境先动的手

2018 年 9 月份，我来了美国梅奥诊所，住在明尼苏达州。这里水质特别硬，闻起来有股金属的味道，烧开后水壶里还会出现一层薄薄的、黑色的壳。

因为水太硬，头皮、面部皮肤、身体皮肤都会在洗完后有点敏感。明州脱发率高一定程度上拜这硬水所赐。水里矿物质浓度比较高，像在你身上抹了一层盐一样，洗完澡用手一挠就会出现很多红色印子，很难消掉，特别难受。就是洗个碗，

1. 现在常用的护肤品们。
2. 酸类护肤品，搭配维稳产品一起用。
3. 维稳类护肤品。

完了手上也可能裂一些小口子。

我现在用得最多最快的，是各种滋润型的护手霜、润肤乳和面霜。美国超市开架卖的这些东西都写着抗痒，但不解决水的问题，再怎么抗痒又有什么用呢？哦，我住的地方还没装软水机。

回看当年敏感肌的自我作死经历，以及现在为环境所迫的身体敏感，我最想做的是握住朋友们的手，真诚对望，说一句：别作，认真护肤，精简护肤，less is more（以少为多），以及"刷酸"一定要配合使用维护皮肤屏障的护肤品啊！

STORY 故事

编辑手记

从嗤之以鼻到觉得护肤是门学问，从像用药一样只看成分用护肤品，到理解制作工艺、配方体系对成分活性、功效是有影响的，李叨叨也是近年来不少转变态度的皮肤科和医美医生代表。

护肤和医学有相通之处，但非全然一样。医生不见得更懂护肤品，他们也会踩坑，也会在认知和理解上有不周全之处。

至于"刷酸"，它对普通人来说还是比较激进的做法，李叨叨能把握好度，但你可千万别盲从。

原因

敏感的本质
是皮肤屏障受损

撰文 Tinco　设计 NA　摄影 王海森　摄影助理 陈子超　监制 舒卓　场地 SenSpace

敏感不是病，是一种高反应、不耐受的皮肤状态。
红肿、刺痛、脱皮等症状都是在提醒你：你的皮肤
屏障受损啦！

如果把皮肤全部展开的话面积接近 2 ㎡，
它就像是一件"精密的衣服"，
把整个人包裹在里面。

皮肤是人体最大的器官，能提供屏障、吸收、分泌、排泄、代谢、免疫、体温调节和感觉功能。如果把皮肤全部展开的话面积接近 2 ㎡，它就像是一件"精密的衣服"，把整个人包裹在里面。

在皮肤所有功能中，屏障功能是最基础的。一方面它能限制侵入，保护体内各种器官和组织免受外界有害因素的侵害；**另一方面它也能限制外流，**防止组织内的各种营养物质、水分丢失，维持皮肤的含水量。

导致皮肤敏感的原因很多，在后面的章节我们会陆续介绍，**但几乎所有敏感肌都有一个共同的表征：皮肤屏障受损。**狭义上来理解，就是皮肤最外层的物理屏障不完整了，可能伴随着角质细胞减少、角质层变薄；广义上来理解，就是皮肤的屏障功能减弱了，它抵御外界侵害、保护组织器官的能力降低了。

理解皮肤"屏障"功能的五个维度

- **机械性屏障：**健康的皮肤是坚韧、柔软，且具有一定张力和弹性的，对抗外界压力主要靠真皮，但皮肤最外层的角质层也具有防止机械损伤的功能。
- **物理屏障：**也叫通透性屏障，由表皮层的角质层和皮脂膜组成，角质层像一道严密的"砖墙"，隔绝着外界的刺激，保护着体内的器官。
- **化学屏障：**人体内环境的 pH 接近中性，在 7 ~ 9 之间，而皮肤的 pH 在 5.5 ~ 7 之间，是一个"酸性保护膜"，对一些酸性、碱性物质能起到一定的缓冲。
- **免疫屏障：**皮肤表面有不计其数的微生物，其中绝大多数是有益菌，维持着皮肤表面"微生态"系统的平衡，是人体免疫系统的组成部分。
- **色素屏障：**表皮基底层的黑色素细胞可以吸收紫外线和一些其他射线，抵御辐射损伤。

皮肤冷知识 🔍

- 皮肤的质量约占体重的 16%

- 皮肤中 70% 左右是水分

- 人体内散热量的 80% 是通过皮肤发散出来的

- 角质细胞完整的新陈代谢过程一般需要 28 天，面部的约 14 天

- 表皮细胞每天都在新陈代谢，晚上 10 点到凌晨 2 点最为活跃

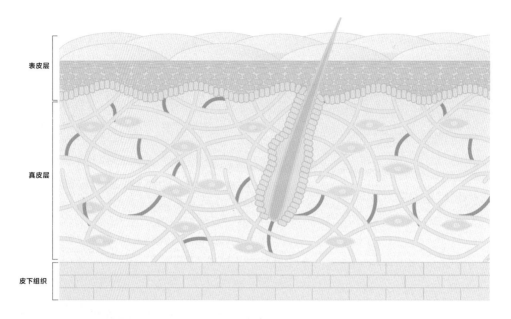

皮肤组织结构

- **表皮层：**是皮肤的最外层，能抵御机械摩擦和牵拉，防止有害物质的入侵。
- **真皮：**是皮肤最大的组成部分，有多种类型的细胞、血管、淋巴管和神经网络。
- **皮下组织：**主要提供机械性和物理性支撑，含有大量的管腔和神经。

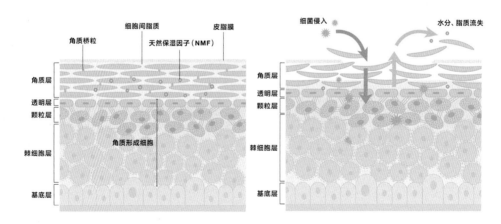

健康皮肤屏障

- 角质层厚度为 10 ~ 15 μm
- 皮脂膜完整，天然保湿因子不易流失
- 细胞间脂质将角质形成细胞紧密连接
- 皮肤表面 pH 偏酸性
- 菌群平衡

受损皮肤屏障

- 角质层变薄
- 角质层含水量减少
- 脂质流失
- 皮肤表面 pH 升高
- 菌群失衡

敏感的发生机制

　　敏感不是病，是一种高反应、不耐受的皮肤状态。和过敏不同的是，它不存在明确的过敏原，所以任何外界的刺激，例如温度变化、日光暴晒、机械摩擦、化妆品、精神压力等，都有可能诱发敏感的状态。

过敏与敏感的区别

	皮肤过敏	敏感性皮肤
表现	产生红斑、丘疹、风团等临床客观体征	容易出现红、肿、热、痛、瘙痒等症状，但大多缺乏客观体征
实质	皮肤病	皮肤状态
产生机制	变应原进入机体后，促使人体自身肥大细胞等免疫系统所产生的变态反应	皮肤屏障功能下降，免疫及炎症反应增强，血管反应性增高，神经传导功能增强
诱因	仅那些致过敏的物质（变应原）	外界刺激，物质缺乏特异性

　　《中国敏感性皮肤诊治专家共识》指出敏感的发生机制是一种累及皮肤屏障、神经血管、免疫炎症的复杂过程。在内在和外在因素的相互作用下，皮肤屏障功能受损，引起感觉神经传入信号增加，导致皮肤对外界刺激的反应性增强，引发皮肤免疫炎症反应。具体的表现，在主观上会感觉到灼热、刺痛、瘙痒、紧绷感等，在客观上可能会伴随红斑、脱皮、毛细血管扩张等症状。

示意图

刺激 ▶	屏障功能受损的皮肤 ▶	敏感症状
	免疫及炎症反应增强 ▶	干燥　水疱　肿胀　爆痘　脱皮
日光　熬夜　大风　焦虑　压力		
环境变化　清洁用品　空气污染	血管反应性增高 ▶	潮红　红斑　红血丝
温度骤变　激光手术　一般化妆品	感觉神经功能失调 ▶	瘙痒　刺痛　灼烧感　紧绷感

脸洗得太干净，可能害了你

撰文 Tinco　设计 NA　摄影 王海森
摄影助理 陈子建
监制 舒卓　场地 SenSpace

洗脸的目的是洗掉脏东西，而不是把脸皮洗薄。如果清洁过度，不当使用洗脸仪、化妆棉、卸妆产品等，都有可能导致皮肤屏障受损。

错误一：
每周去 2 ～ 3 次死皮

许多人都曾有过这样的体验，以前不在意护肤的时候，早上为了多睡 5 分钟可能用清水抹一把脸就出门了，皮肤也健健康康水水润润的。后来开始"认真"护肤了，光清洁产品就买上了全套：磨砂膏、矿物质泥面膜、深层清洁产品，还有"人手必备"的洗脸仪，这还没算上卸妆和洁面呢！结果，脸从此就再也经不起折腾了，用啥都敏感。

在上一篇里我们已经讲到，表皮层的最外层是角质层，它是皮肤作为屏障抵御外界侵害的第一道防线。而表皮层的厚度平均只有 0.1 毫米左右，眼周部位的最薄，只有不到 0.05 毫米，是万万经不起频繁而猛烈的过度清洁的。那哪些行为是"过度"的呢？请对号入座看自己有没有中招。

即便对于角质层较厚、油性肤质的皮肤而言，一个月去 1 ～ 2 次死皮也完全够了。对本身角质层就比较薄或已经皮肤敏感的人而言，完全不需要"去死皮"这个护肤步骤。

皮肤每 28 天就会完全新陈代谢一次，死去的角质细胞会自己分离脱落，这个过程叫"脱屑"。也就是说，不需要人为地"去死皮"，"死皮"自己也会掉落。

死皮厚，皮肤看上去就会比较粗糙、暗淡。所以很多人为了追求看起来细嫩白滑，就拼命把最外层的"死皮"给去掉了，但这样做恰恰伤害了更里层的皮肤。

错误二：
每天都用洗脸仪

洗脸仪同样是一个近几年来非常受欢迎的美容仪器，既然牙刷都换成电动的了，洗脸也来个电动的呗。但你要知道，刷牙的目的是彻底清洁牙齿表面，无论是声波振动还是旋转都可以比手动刷更高效。但洗脸的目的不是为了把脸皮给磨薄啊！

清单编辑部曾经做过 15 款洗脸仪测评，我们用光滑的亚克力材质模拟皮肤，用放大镜拍摄洗脸仪"洗"了亚克力板后留下的痕迹。结果，一些亚克力材质表面伤痕累累，有非常清晰可见、不可修复的划痕。

想象一下，如果真的是自己的皮肤，可能已经划出轻微的小伤口了，真的是细思极恐。

在所有洗脸仪材质中，硅胶刷头最温和（但也取决于硅胶的品质和做工），其次是羊毛或超细纤维，最后是一些较硬材质的尼龙纤维。即便是最温和的硅胶洗脸仪，也没有必要天天用。

《英国皮肤病学杂志》研究表明，物理摩擦对接触性皮炎的作用可能被低估。摩擦性刺激是皮炎促发因素中常见的一种，摩擦产生的创伤会引起甚至加重皮炎，也有可能导致湿疹。

错误三：
卸妆不当，
每天"二次清洁"

如果只是涂了防晒产品或者化了淡妆，其实并不一定非要用卸妆产品＋洁面产品，进行二次清洁。选择卸妆洁面二合一的清洁产品，或者乳化技术较好、残留少的卸妆产品洗一次脸，就完全可以达到把脸洗干净的效果了。

同时，很多人对于"卸妆水"有一种天然的误解，觉得它看起来更清爽、更温和，实际上并不一定如此。因为它不像卸妆油、卸妆膏那样有大量的油脂类成分，它卸妆的主要原理就是依靠强力的表面活性剂（简称表活），而且往往使用卸妆水时还要搭配化妆棉擦拭皮肤，强力表活加上化妆棉物理摩擦，相当于双重刺激。

而当皮肤已经处在比较敏感的状态时，更合理的做法是不化妆、少化妆，避免"卸妆"这个步骤，让皮肤自己静静，好好养几天。

也有一些人喜欢在洗完脸之后，再用收敛性质的化妆水来擦拭皮肤，无论是出于吸附油脂还是其他目的（先声明一下，这样是去不了黑头也缩不了毛孔的），都属于又一次的清洁行为，得是多么皮糙肉厚的皮肤才能扛得住呀？别再这样对待自己细嫩的皮肤啦。

国外学者梅丁（Meding）等人的研究表明，皮肤接触水的次数越多（>10 次每天），皮肤干燥的风险也就越高。频繁清洗会直接导致皮肤脱脂、屏障受损，使皮肤陷入越发干燥的地步。

光滑亚克力

硅胶刷头清洁后
划痕较轻

尼龙刷头清洁后
划痕较严重

错误四:
用湿毛巾来回擦脸

我还记得小时候每回用湿毛巾擦脸以后,小脸红扑扑、刺拉拉的感觉。你可以说小时候谁那么讲究呀,没错,那时候大家也不用什么清洁类产品,所以作为清洁步骤中唯一的物理清洁方式,对皮肤的伤害可能还没那么大。

但现在,如果你已经用了洗面奶,甚至之前还用了卸妆产品,那再用湿毛巾把脸整个擦一遍,就真的是用力过猛了。正确的做法是用吸水性好的干毛巾或者棉柔巾,把脸上的残水吸干就好了,不要来回摩擦。

而且现在市面上品质比较好的毛巾可能都会用长绒棉,棉纤维长、克重高,摸起来很厚实,它的优点是柔软、舒适,实际上也会变得更厚,一旦打湿可能一整天都干不了。如果你还把毛巾放在潮湿的环境下,就容易滋生细菌,下次用的时候还没干透就又往脸上擦拭,是非常不卫生的。一来二去洗那么几次以后,棉纤维也会变得很硬,对皮肤的磨损也就更大了。

错误五:
化妆棉擦拭过多

关于化妆棉对皮肤到底有多大伤害,其实很难下一个定论。但可以肯定的是,以下几种行为是弊大于利的:

错误做法: 卸眼妆的时候,没有充分浸湿化妆棉,直接覆盖在妆面上擦掉。

正确的做法是,浸润化妆棉后,先在妆面上敷5 ~ 10 秒,让彩妆溶解,然后轻轻一抹就能擦掉大部分眼妆。尽量利用彩妆和卸妆产品中脂类物质能"相似相溶"的原理,让它们自己反应,而避免过多的物理摩擦。

错误做法: 在涂化妆水的时候,用化妆棉擦脸。

正确的做法是,用化妆棉在脸上轻轻按压,其实道理和湿毛巾类似。虽然化妆棉的纤维没有毛巾那么粗硬,但对于敏感的皮肤来说也是一种伤害。

同时,在购买化妆棉的时候也要分辨一下,有些化妆棉是专门为了"卸妆"而设计的,例如表面有凹凸的纹理,这是为了能够更容易把彩妆带下来。可想而知它的摩擦力是更大的,就不要再用这类化妆棉猛擦皮肤啦。

关于化妆棉的材质和纹理,脱脂棉比无纺布更柔软,平滑精梳质地的比凹凸纹理质地的更温和。在脱脂棉中,蚕丝绵的品质相对更高。

空气和光，看不见的环境伤害

撰文 Key　设计 刁姗姗　摄影 王海森

阳光暴晒、空气污染、温度骤变……这些环境变化时刻影响着我们的皮肤。为什么冬天容易脸红、春天容易过敏？这些环境因素引发的皮肤敏感，到底为什么会发生？

紫外线是敏感的一大诱因

很多人知道紫外线会把我们晒黑、晒老，但不知道它也是一个重要的敏感诱因。其实，不止紫外线，太阳光中的可见光同样会对皮肤造成影响。

如果你了解"皮肤晒黑"的原理，就不会那么讨厌让你变黑的黑素细胞了，它其实在承担着保护皮肤的重要作用。黑素细胞位于人体几乎所有的组织内，其中以表皮、毛囊、黏膜和视网膜色素上皮中居多，它所生成的黑色素的多少，是决定肤色深浅的一个重要因素。皮肤中的黑素细胞有一个重要的作用：在受到紫外线、炎症因子等刺激时，会生成黑色素，这些黑色素能够吸收可见光和紫外线，来保护皮肤深层的组织。这也是越靠近紫外线辐射强的地区人种肤色越深的原因。

日常护肤品主要防护的紫外线是 UVA 和 UVB。UVB 是波长 280nm 到 320nm 的中波紫外线，会引起皮肤发红。而 UVA 是波长 320nm 到 400nm 的长波紫外线，会导致皮肤晒黑和老化。频繁接触紫外线还有引发皮肤癌的风险。

雨后的彩虹是太阳光中的可见光被水蒸气折射和反射之后产生的七彩光谱，这七种光就是可见光的主要部分了，它们介于紫外线和红外线之间，集中起来就变成了白光（可见光）。**到达地面的可见光非常多，大概是紫外线的 12 ～ 14 倍，虽然只有 20% 的可见光可以穿过表皮以及真皮层到达皮下组织，但仍然会给皮肤带来较大伤害。**可见光会被皮肤中的黑色素吸收，转化成热能，导致皮肤发热、发红，然后产生痛感。皮肤会被晒红，UVB 和可见光都是原因。

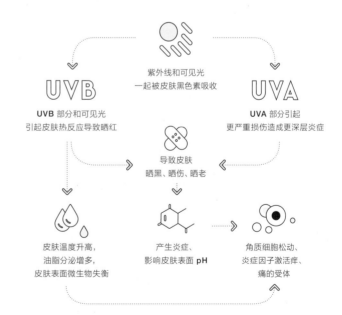

紫外线和可见光
一起被皮肤黑色素吸收

UVB

UVA

UVB 部分和可见光
引起皮肤热反应导致晒红

UVA 部分引起
更严重损伤造成更深层炎症

导致皮肤
晒黑、晒伤、晒老

皮肤温度升高，
油脂分泌增多，
皮肤表面微生物失衡

产生炎症、
影响皮肤表面 pH

角质细胞松动、
炎症因子激活痒、
痛的受体

如果日常没有养成防晒的习惯，或者长时间在紫外线强烈的地区进行户外活动的话，都有可能造成不可逆的"晒伤"，让皮肤屏障受损。

环境污染
同样导致敏感

近些年来越来越被广泛关注的空气污染问题，不仅影响你的呼吸道，也影响你的皮肤。

大家谈论最多的 $PM_{2.5}$ 是雾霾里的主要有害成分之一，它会导致皮肤氧化、产生炎症，甚至影响皮肤表面微生物的稳定，最终引发疾病。2015—2016 年，在北京市雾霾比较严重的季节，通州区的几家医院的接诊量也相应增加。其中，环境 $PM_{2.5}$ 的浓度每升高 10 ug/m³，湿疹患者门诊量就会增加 0.3%。

并不只是 $PM_{2.5}$ 会影响你的皮肤，建筑材料、室内装修材料所使用的溶剂、胶水中含有的大量可挥发性物质（VOCs）也会导致皮肤损伤。我们常说的甲醛就是这些可挥发性物质之一，这些物质不但对呼吸系统造成伤害，还会刺激皮肤，让皮肤处于一种高敏状态，尤其当湿度降低时，更容易引发皮肤疾病。

我们日常做饭会产生大量油烟，尤其是对于中国家庭，煎炸类的高温烹饪方式非常普遍，而烹饪的过程也很不健康。煎炸产生的油烟量是蒸煮的 60~70 倍，油烟当中不但有大量的颗粒物（$PM_{2.5}$ 和 PM_{10}），还有 VOCs，这些都会对我们的皮肤造成伤害。因为携带大量的油脂，油烟还具有一定黏性，不易清洗，附着在皮肤上会带来更多刺激。

冬天干燥
也是敏感的表现

我们判断皮肤干燥的时候，有一个专业的术语叫作 TEWL（经表皮失水率），TEWL 数值越高，皮肤失水越快。TEWL 与皮肤屏障的健全、温度、空气流动的速度（所处的环境是否有风）有直接关系。

在冬季，皮肤的 TEWL 数值就会变高，更容易感觉干燥、紧绷。那是因为在低温的环境中，皮肤的皮脂腺活跃度会降低，直接导致油脂分泌减少，皮脂膜不完整，封存水分的能力就会降低。再加上冷风吹到脸上，水分流失加快，提高了 TEWL 也带来了进一步刺激。

冬天更易引发"红脸蛋"，是因为我们经常会从寒冷的室外走进温暖的室内，温度骤变导致毛细血管快速扩张，引起泛红、发热。

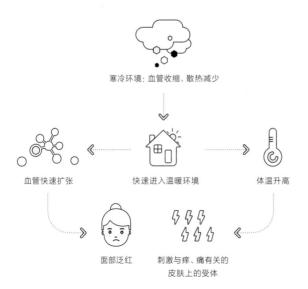

寒冷环境：血管收缩、散热减少

血管快速扩张　　快速进入温暖环境　　体温升高

面部泛红　　刺激与痒、痛有关的
皮肤上的受体

我们见到生活在西藏的同胞，脸上总会有两团明显的红血丝，这是一种因为环境因素导致的永久性毛细血管扩张。高原强烈的紫外线会刺激皮肤，产生炎症，导致血管壁通透性增加。再加上空气稀薄、血氧量降低、红细胞数量增多，血管需要持续扩张以增加氧气运输的速度。久而久之，扩张的毛细血管就变得难以收缩。

对于普通人来说，面部几条肉眼可见的红血丝，主要还是因为炎症问题和不良护肤习惯导致的。

春天的复杂环境
容易引发敏感

春天转暖，温度升高会提高皮脂腺的活跃度，导致油脂分泌增多。皮肤分泌的油脂是有害菌的"食物"，本身存在菌群失衡的敏感肌、皮肤病患者，其皮肤上的有害菌可能更容易繁殖，加重菌群失衡。有害菌在分解脂肪的过程中还会产生油酸，会刺激皮肤产生炎症。

春季引发敏感的因素是比较复杂的，往往是多个因素共同作用引起的：

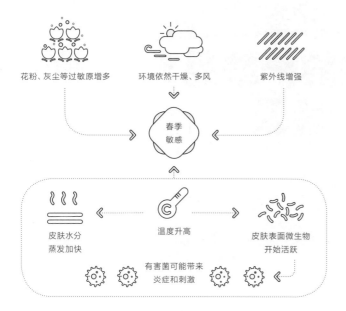

花粉、灰尘等过敏原增多　　环境依然干燥、多风　　紫外线增强

春季敏感

皮肤水分蒸发加快　　温度升高　　皮肤表面微生物开始活跃

有害菌可能带来炎症和刺激

比较敏感的皮肤，痒、痛有关受体的数量和灵敏度都会增加，更容易受到刺激，进而出现明显的疼痛和瘙痒。如果在环境快速转换之后，几十分钟时间内不适还没有缓解，可能就是严重的敏感，甚至是皮肤疾病了。

水质也会影响
皮肤屏障

在一些地区使用肥皂（皂基产品）清洁皮肤和衣物的时候，水面上会漂浮一层白色物质，这是因为这些地区的水质比较硬，含有大量钙离子和镁离子，它们会和皂基产品中的脂肪酸形成不可溶解的沉淀物。这些沉淀物会沉积在皮肤表面，即使用自来水冲洗 3 分钟，仍会有约 80% 残留，给皮肤屏障带来损害。

特异性皮炎这种与皮肤屏障密切相关的皮肤疾病，日常建议的清洁用水就是以处理过的软水为佳。除此之外，对任何肤质而言，清洁时的水温都不宜过高，以免产生刺激，洗掉皮肤表面过多的油脂造成干燥。

让皮肤科医生害怕的护肤品：面膜

撰文 Tinco　设计 刁姗姗　摄影 王海森

模特 杨璐溪　妆发造型 和平（和平范店）　摄影助理 陈子建

监制 舒卓　场地 SenSpace

全世界有超过 40% 的面膜是在中国被消耗的。
而过度使用、错误使用面膜所引发的皮肤问题，
也变得越来越严峻。

对皮肤科医生而言，临床中遇到了越来越多因为化妆品使用不当而引起的敏感病例，面膜所引起的不良反应占其中的绝大多数，严重的有可能发展为水合皮炎、接触性皮炎或激素依赖性皮炎。

到底哪些敷面膜的方式是错误的呢？

错误一：
每天都敷面膜

敷完面膜后立刻觉得皮肤"水当当"，是因为在角质层发生了水合反应，就是面膜中的水分滋润了角质层，让角质层含水量升高、透明度提高，皮肤看起来也自然变好了。水合反应本身不是坏事，但如果天天敷面膜，强行、大量、持续地补水，角质细胞就会跟泡着水的胖大海一样，一直处于胀大臃肿的状态而得不到休息 —— 这样就会造成过度水合了。

如果你发现，自己的皮肤在敷完面膜后变得发白、起皱，就要引起注意了，这就是过度水合的表现，也是水合性皮炎的前兆。这个时候千万别用力摩擦脸部，这样只会加剧皮肤屏障的损伤。如果停敷面膜依然没有好转，就要去看医生啦。

皮肤发生水合反应时，角质细胞可以在短时间内快速吸收自身体积 4 ~ 5 倍的水分。角质细胞在过度水合后会膨胀，使得致密的皮肤"砖墙结构"变得松垮。

错误二：
每次敷面膜半小时以上

每次敷面膜 10 ~ 15 分钟就够了，这个时间已经足以达到让面膜浸湿角质层的目的，具体时间可以参照面膜包装上的说明建议。如果敷的时间太长，一旦面膜纸已经干燥，可能还会倒吸皮肤内的水分，适得其反。

不管是频率太高还是时间太长，都会使得皮肤过度水合，不仅让屏障功能受损，还有可能导致皮脂腺导管口过度增生，通俗来讲就是长痘痘。所以，长痘可能不是补水没做到位，而是做过了头。

错误三：
迷信特殊功效面膜

面膜的作用其实非常明确：浸润角质层防止皮肤缺水。但是，补水也不是保湿，需要加上后续有"封层"作用的产品，才能"锁"住水分。

如果这款面膜号称几天内就能祛痘、美白、祛斑，就一定要小心它的安全性了。在一些非正规渠道售卖的面膜，可能会添加一些国家违禁成分，来让皮肤看起来一下子变好。例如在美白面膜里添加荧光增白剂、祛斑面膜里添加糖皮质激素等。

所以不要对面膜抱以不切实际的幻想，觉得它能带来显著的美白、祛斑甚至医美的效果，如果长期使用含有激素类成分的面膜，会直接诱发丘疹、红斑甚至激素依赖性皮炎，真的是得不偿失。

错误四：
自己在家做"天然"面膜

自制面膜万万不可取，看似成本低廉，但是后患无穷。首先安全性就不能保证，且不说制作过程中可能有灰尘、细菌或是其他未知物质污染，天然物质中还有许多对皮肤有害的成分，自制的过程几乎无法避免。

就拿最常见的芦荟为例，很多人看见市面上有芦荟胶产品，就觉得芦荟直接敷脸应该也挺好的吧，但天然芦荟中含有大黄素、芦荟苷，没有经过处理的话就有可能导致过敏反应。在相关的国标文件《QB/T 2488-2006》中，也明确规定了芦荟苷浓度的上限值，如果自己直接敷天然芦荟就会有风险。还比如拿柠檬敷脸的话，也可能会因为果酸浓度过高，而破坏表皮的酸碱平衡。

天然不等于安全，请不要再拿自己的脸做试验田。

理论上来说，黄瓜、柠檬、橙子这些水果富含维生素 C，但它们都没有办法达到给皮肤补水、补充营养的效果。因为面膜产生效果的前提，是在皮表形成封闭空间，提高角质层的水合状态和通透性，来达到补水和渗透的目的。但水果切片无法在脸上形成一个完好的密闭空间，自然达不到补水的功效。

错误五：
滥用医美面膜

医美面膜并不能带来所谓医美的效果，大部分只是用于医疗美容手术后的修复产品，所以也根本就不是给日常护肤需求用的。

如果你近期刚刚做完微创类、激光类的医美项目，在医生的建议下可以比较密集地每天敷一片，但是连续的周期一般不应超过一周。

要注意的是，这类面膜都是名副其实的医疗器械类产品，在包装上会注明医疗器械号，而非普通化妆品的妆字号。有些号称自己是医美面膜的妆字号产品，就是挂羊头卖狗肉了。

错误六：
没洗脸就敷面膜

这里指的主要是贴片类的面膜，它的主要作用原理就是"封包促渗"，通过隔绝皮肤与空气的接触，局部形成一个湿度较高的环境，使皮肤的渗透性增加，促进活性成分的吸收。

但是，促渗的时候皮肤又不会进行"安检"，去筛查每个成分到底是不是有益的。而是统统收入囊中。所以敷面膜前一定要做好清洁的步骤，不然一些残留在皮肤表面的有害成分也会更容易渗透到皮肤里去。

比如，你在飞机上觉得皮肤特别干燥，想敷个面膜补点水，也一定先去洗个脸，敷完面膜后涂上乳液或者面霜，做好保湿。

面膜不是护肤的必要步骤，敷太多还不如不敷，别给你的皮肤徒增负担。

各类面膜的使用建议

以下内容摘自《面膜类产品的选择与使用专家共识》（2019 科普版），敏感肌我来给你们画个重点：**膏状面膜、撕拉式面膜、粉状面膜统统不建议用！贴片式面膜每周不要超过 2 次，每次不要超过 30 分钟。**

① 贴片式面膜

面贴膜敷贴在面部停留 10 ~ 30 分钟，揭离后擦除残留的面膜液即可；若肤感较黏，可以用清水冲洗，再进行皮肤护理。

② 膏状面膜

洗去型面膜：取适量膏体涂抹在面部，停留 10 ~ 20 分钟后，用清水洗去。建议油性、混合性皮肤每周不超过 2 次；干性、中性皮肤建议每周不超过 1 次；敏感性皮肤一般不建议使用。

免洗型面膜：取适量膏体涂抹在面部，无需特意清洁。干性、中性皮肤建议每周使用不超过 2 ~ 3 次；油性皮肤、敏感性皮肤和痤疮患者慎用。

③ 撕拉式面膜

将面膜涂敷于面部，待成膜后揭下，清水洗除面部残留物。该类产品具有剥脱角质、清除油脂作用，故油性皮肤可每周使用 1 次；中性或混合性皮肤可每两周 1 次；干性皮肤、敏感性皮肤不建议使用。此类面膜不建议频繁使用。

④ 粉状面膜

可分为硬膜和软膜。硬膜通常在皮肤科和专业美容机构中使用。软膜粉在使用时需添加水分使其成糊状后立刻涂敷于面部，待成膜后揭下，用清水洗除面部残留物。具有一定的清洁和剥脱作用。中性、油性、混合性皮肤建议每周使用不超过 2 次；干性、敏感性皮肤不建议使用。

过度护肤,
成分党的迷思

撰文 Key 监制 舒卓 设计 NA 摄影 王海森 妆发造型 和平(和平范店)
模特 杨璐溪 摄影助理 陈子建 场地 SenSpace

果酸、视黄醇、黄金微针……这些听起来有点陌生的专有名词,在护肤圈里正在变得越来越流行。"成分党"比普通消费者更加了解产品,他们更有热情去尝试新成分、黑科技,一时失手也可能在健康和敏感的边缘挣扎。

部分市面上含视黄醇（A 醇）的产品
1.Elizabeth Arden/ 伊丽莎白·雅顿 时空焕活夜间多效胶囊精华
2.ALGENIST/ 奥杰尼 紧颜提升视黄醇精华液
3.Neutrogena/ 露得清 维 A 醇抗皱修护晚霜
4.ELIXIR/ 怡丽丝尔 优悦活颜眼唇抚纹精华霜
5.SHISEIDO/ 资生堂 悦薇珀翡塑颜抗皱霜
6.LA ROCHE-POSAY/ 理肤泉舒颜紧致抗皱精华乳

每个热爱护肤的人，在用遍了一般护肤品以后，都会忍不住想挑战更高的浓度、更尖端的技术，但皮肤不一定能完全适应。猛药是一把双刃剑，你也许看到了维甲酸是超强抗老成分，却看不到有多少人在试水的路上皮肤红肿、脱皮、烂脸。

抗老明星成分的代价

维甲酸（A 酸）是一种治疗痤疮和皮肤老化的药物，它的抗老效果也得到了国际公认，但是根据我们国家的法规，出于安全性的考虑是不允许把它添加到护肤品中的。所以品牌常常使用它的衍生物——视黄醛（A 醛）和视黄醇（A 醇）来替代。**A 醇在皮肤上先转化成 A 醛，再转化成 A 酸，起到控油抗痘、促进角质代谢的作用，能够让皮肤看起来细嫩，增厚真皮层。**

但是这类成分是一把双刃剑，减少油脂分泌就意味着皮肤会变得非常干燥，增加角质代谢也有可能导致脱皮的情况，轻者皮肤不适，重者就变成敏感了。**不少使用维甲酸的患者会出现非常严重的红肿、脱皮，又痛又痒，像针扎的感觉，非常煎熬。**

A 醛和 A 醇虽然是衍生物，副作用没有那么严重，但也有可能引起不适，脱皮是最为常见的现象。除此之外，使用这类成分还有其他禁忌，比如它会导致皮肤更易受到紫外线伤害，使用初期可能会爆痘。对于初次使用的新手，往往是一个大雷。

过度刷酸，秒变敏感肌

"秒变敏感肌"并不是唬人，可能刷个酸就做到了。

"果酸焕肤"这种医美手段早已经在护肤激进人士中盛行。**采用 20%以上浓度的果酸溶液涂在皮肤表面，然后进行中和，通过快速剥脱皮肤角质层的方式，让又糙又厚的皮肤变得光滑细嫩。**它还可以改善皮肤真皮层，起到抗老和修复痘印、痘坑的效果，可以说是"先破后立"的典范。

小贴士

果酸分为很多种，在我们讨论化妆品的时候，默认是甘醇酸。

看起来非常简单、非常吸引人，但这依然属于医疗级别的美容方式，用多少浓度、什么时候中和、什么时候终止，都需要医生凭借经验判断。自行操作往往容易出现面部灼伤，轻者刺痛、紧绷、脱皮，严重的可能导致皮肤渗血。

不过我们日常能买到的含果酸成分的化妆品，浓度不会这么高，我们国家规定浓度要在 6% 以下，产品里还会加入更多的舒缓、保湿成分。即使如此，也不宜频繁使用，**经常会有"刷酸过度"的人出现敏感问题，角质层来不及修复，就会变得越来越薄。**

> **小贴士**
>
> 需要提醒的是，维甲酸和果酸虽然名字中都带有酸字，但导致角质层变薄的原理并不相同，并不能类比理解。

医美项目大多会带来敏感期

你或许听过类似"用一堆护肤品，不如做一次医美"的说法，这个确实有一定道理，但是大多数医美项目都会造成皮肤一段时间的敏感。

很多光电型的医美项目，比如点阵激光、射频，在治疗过程中都会让皮肤产生局部的升温。**热会刺激受体感到疼痛，也会造成炎症反应，引起泛红、干燥的情况，所以造成一定时期的敏感过程几乎是必然的。**

还有微针、磨削型的医美治疗，会直接破坏角质层，刺激真皮层。还会出现结痂的情况，需要经历一段让皮肤自愈的过渡期。

护肤步骤过多，"有害"成分也会叠加

这些产品本身并不负面，但不可否认的是，产品不断叠加的过程中，脸上防腐剂的种类和总量也在不断增加。防腐剂主要的作用就是防止产品腐败，但它们并不是只针对有害菌，对皮肤的有益菌也同样会产生抑制作用。再加上一些其他因素的影响，比如出油多的时候，马拉色菌这种有害菌就容易大量繁殖，也可能让皮肤状况越来越差。

痘痘肌熟悉的水杨酸和杏仁酸除了会导致角质层变薄，本身还具有一定抑菌作用，虽然能够抑制皮肤上的有害病菌，但是使用过度还是会影响菌群平衡。

有些产品宣称"无防腐剂"，其实只是不使用传统意义上的防腐成分，而是换成其他对皮肤刺激相对更小的成分。但这也并不代表就完全无害，同样有可能发生传统防腐剂"广谱抑菌"的问题。当然，也有像"雅漾无菌舱"这种完全不需要防腐剂的包装工艺，所以看到产品文案的时候还是应该多了解一些再下判断。

高浓度的风险

成分浓度越强，产品的刺激性可能就越强，主要有两方面原因：

一是浓度越高，杂质可能就越多。比如大火的美白成分烟酰胺，它会产生刺痛的情况，往往是因为原料生产过程中会残留一些烟酸，烟酸产生的刺激更强烈。在其他原料相同的前提下，加入的烟酰胺原料越多，带入的烟酸也就越多，引起刺激的可能性就越大。

二是高浓度的功效产品，在进行配方设计时可能会加入更多助渗成分。比如需要使用更高浓度的酒精，就可能带来刺激。可以说，功效和温和是一对矛盾体，高浓度下没有绝对温和的成分。 ▶

防腐剂主要的作用
就是防止产品腐败，
但它们并不是只针对有害菌，
对皮肤的有益菌
也同样会产生抑制作用。

自救

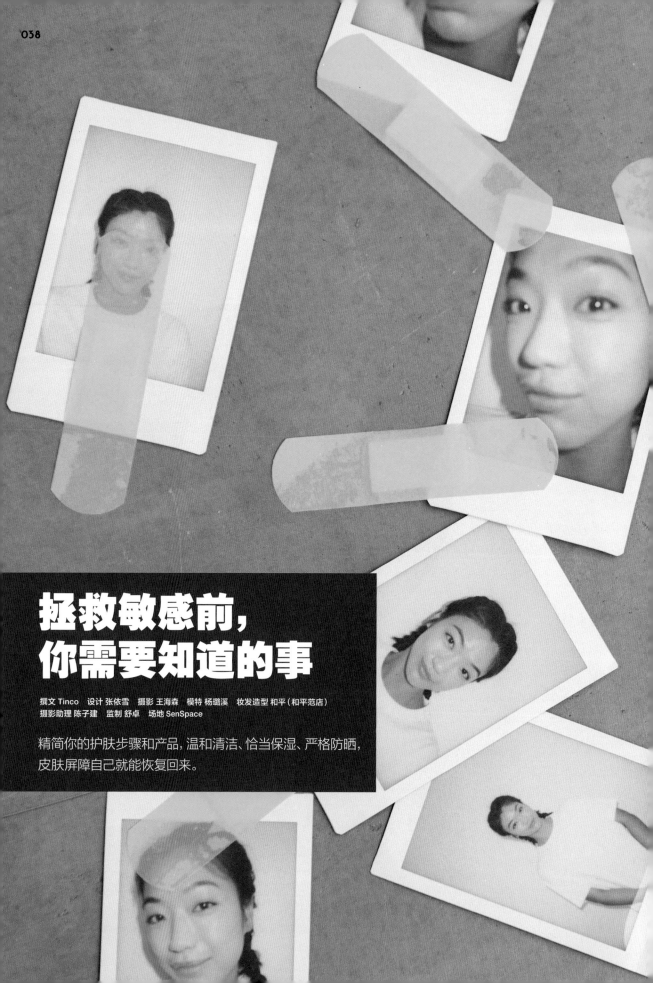

拯救敏感前，你需要知道的事

撰文 Tinco　设计 张依雪　摄影 王海森　模特 杨璐溪　妆发造型 和平（和平范店）
摄影助理 陈子建　监制 舒卓　场地 SenSpace

精简你的护肤步骤和产品，温和清洁、恰当保湿、严格防晒，
皮肤屏障自己就能恢复回来。

相信皮肤的自愈力，"不用什么"比"用什么"更重要

这句话我想说一百遍也不嫌多："不用什么"比"用什么"更重要！如果你屏障受损的原因是护肤不当所致，只要你立刻停止伤害，就已经比用什么灵丹妙药都管用。

修复皮肤屏障的基本原则，就是尽量精简你的护肤步骤，**选择成分简单、安全的护肤品，做到温和清洁、恰当保湿、严格防晒**。如果你还用着成分表里植物提取物有几十种的护肤品、号称 7 天可以白一个色号的美白精华、几天没洗的粉扑和化妆刷……请赶紧住手。最可怕的状况，莫过于你一边小心地用着针对敏感人群的喷雾、面霜，一边又舍不得丢掉你花重金买回来的洗脸仪或清洁面膜，想着"要是不用在脸上，钱岂不就浪费了"，那就真的是无药可救了。**这世上还有什么贵价护肤品，比你天生的健康皮肤更珍贵呢？**

所以，先避免伤害，我们再来谈修复。如果上一章节介绍的"护肤坑"你已经牢记在心，接下去就会好办多了，只是一个时间和耐心的问题，搭配科学的方法和适合的产品，还可以事半功倍。而屏障修复的思路也很容易理解：**创造让皮肤能够自我修复的条件，选择能替代或补充皮肤屏障生理功能的护肤品，帮助它逐步恢复健全。**

什么叫创造让皮肤能够自我修复的条件呢？首先要做到的就是减少各种层面的刺激，比如强烈的温湿度变化、长时间的暴晒，让皮肤先从一个应激的状态逐步恢复平静。其次，了解健康皮肤的生态系统是怎么一回事，不要做破坏生态的行为，助长有害菌的肆虐。比如 pH 升高会让有害菌更容易着床，许多伴随爆痘的敏感情况都和它有关，那么使用碱性的皂基洁面产品就会进一步拉高 pH，让有益菌更加寡不敌众。

而护肤品又是如何替代或补充皮肤屏障的生理功能的呢？比如大部分屏障受损的皮肤都缺少油脂，不仅细胞间脂质减少了，皮脂膜也不完整。这个时候我们就可以补充一些细胞间脂质本身所含有的成分，例如一定比例的神经酰胺、脂肪酸、胆固醇，来填补缺失的屏障。或者用有封闭剂成分的保湿霜，来替代皮脂膜应该起到的锁水和隔绝作用。

补充脂质的思路对爱出油的敏感皮同样适用。很多人误以为自己皮肤已经很油了，就拼命地深度清洁，也不用任何感觉"油"的护肤品了，结果只会雪上加霜。要知道屏障的功能已经不完整，还不做保湿的话，经表皮流失的水分只会更多。"外油内干"已经不足以形容这种尴尬的处境，"又油又干"才是最让人崩溃的情况。**因为受损的皮肤缺的不是水，而是锁住水的能力。**

那么，还有什么方法可以创造让皮肤能够自我修复的条件呢？怎样做清洁才算温和？保湿剂又分为哪几种类型？如何调节菌群生态的平衡？这一章节会为你一一解答。ⓜ

护肤基础: 清洁

撰文 陈熙　设计 张依雪　摄影 王海森
摄影助理 陈子建　场地 SenSpace

看到这里, 你一定知道把脸洗得太"干净"并不是件好事。毕竟日常生活中, 我们的脸并不会太脏。脸上有极少量的彩妆残留, 也没有"卸妆 — 洁面 — 化妆水 — 二次清洁"对皮肤屏障的危害大。

要想温柔地把脸洗干净, 你不光要选一款好的洁面产品, 还要配合正确的清洁方法。

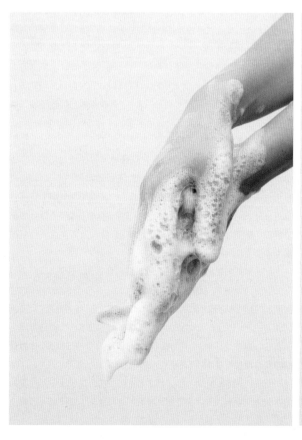
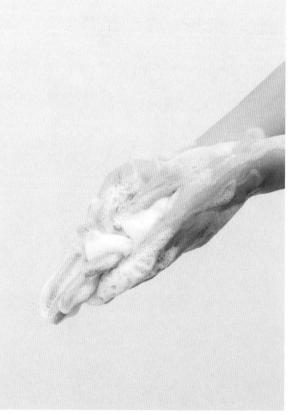

温和洁面产品怎么挑？

1. 表面活性剂温和

要把脸上的彩妆和脏东西洗去，主要靠洗面奶中的表面活性剂。我们常见的表活类型可以分为皂基类、SLS/SLES（月桂醇硫酸酯钠 / 月桂醇聚醚硫酸酯钠）、氨基酸类和APG（烷基多苷）类。它们的优缺点，看下表你就能够一目了然：

特性 / 表活类型	皂基类	SLS/SLES	氨基酸类	APG 类
清洁力	☻	☻	☺	☺
刺激性	☹	☹	☺	☻
易起泡	☻	☻	☹	☹

看起来氨基酸类和 APG 类的清洁力平平，还不易起泡，特点并不突出，但它们恰恰是最适合敏感肌使用的洁面产品。

适中的清洁力，能在洗干净防晒霜、外出沾染的脏东西的前提下，又不会洗去宝贵而又稀少的皮脂。这样既不破坏皮肤屏障，又不会令人感觉皮肤干燥紧绷。

和氨基酸类相比，APG 类洁面产品的刺激性更小，更加温和，是敏感肌的首选。但它有个缺点，就是洗后假滑。对于用惯了皂基洁面产品的人来说，需要适应一段时间。

至于皂基类表活和 SLS/SLES 表活，本身去脂力过强，刺激性强。大部分情况下，屏障受损的敏感肌用了会雪上加霜，要注意避开。

你可以对照下表的表活名称，看看自己正在用的是什么类型的洁面产品。

表活类型	皂基类		SLS/SLES	氨基酸类	APG 类
成分构成	脂肪酸 + 碱 脂肪酸盐		–	XX 酰 Y 氨酸 Z	XX 葡糖苷
成分示例	脂肪酸： 肉豆蔻酸 月桂酸 棕榈酸 硬脂酸	碱： 氢氧化钠 / 钾 三乙醇胺	月桂醇硫酸酯钠 / 月桂醇聚醚硫酸酯钠	月桂酰谷氨酸钠 椰油酰谷氨酸钠 / 钾 椰油酰谷氨酸二钠 椰油酰基谷氨酸 TEA 盐	癸基葡糖苷 椰油基葡糖苷 月桂基葡糖苷
	脂肪酸盐： 月桂酸钠 / 钾 肉豆蔻酸钠 / 钾 硬脂酸钠 / 钾				

洁面成分表：
水 甘油 **月桂基葡糖苷** **甲基椰油酰基牛磺酸钠** 莲叶提取物 大麦提取物 油橄榄芽提取物 枇杷提取物 海藻糖 甘草酸铵 丙二醇 丁二醇 甲基异噻唑啉酮 苯氧乙醇 柠檬酸 EDTA 二钠

▲ 月桂基葡糖苷为 APG 表活，甲基椰油酰基牛磺酸钠为氨基酸表活。所以这是一款 APG 复配氨基酸表活的洁面产品。

2、工艺或配方思路温和

采用特殊工艺或复配成分，可以降低表活的刺激性。有了技术加持，SLES、SLS 也会被一些研发实力较强的化妆品集团采用（用在敏感肌可用的洁面产品中）。下面我们就来举例说一说。

油脂缓冲

对敏感肌来说，表面活性剂最大的危险是会把脸上的皮脂和角质层中的脂质都洗掉，破坏皮肤屏障。在洗面奶中添加油脂就能分散表活的"注意力"，缓冲掉它的威胁。清洗过后，还会有一些油脂残留在脸上，为皮肤提供保护。

代表产品有含有大量鲸蜡硬脂醇的雅漾活泉修护洁面乳,非常适合极敏感的人群。

胶束工艺

表面活性剂长得像小蝌蚪,头部喜欢水,尾巴喜欢油。只要水中的表活达到一定浓度,那么小蝌蚪们就会"抱团取暖":喜欢油的尾巴聚在一起,让喜欢水的头部面对外界的环境。形成的这个球体就叫胶束。它能把脏污油脂包裹起来,达到清洁的目的。

油脂 —   亲油 亲水

丝塔芙洁面乳就采用了这种技术。同时,配方中还包含大量的油脂,它们会插入在胶束结构中,使 SLS 无法直接接触皮肤,降低表活的刺激。是轻微敏感肌也可以尝试的洁面。

表活复配

要降低皂基类表活或 SLS/SLES 的刺激性,另一个思路是复配氨基酸、APG 等温和的表活。这样的洁面产品会融合两类表活的特点:清洁力提升,刺激性下降,泡沫更丰富。

代表产品有含有皂基、氨基酸、甜菜碱类表活的大宝水凝保湿洁面乳(甜菜碱类表活也比较温和,但很少单独存在),复配 SLES、氨基酸、APG 类表活的依泉舒缓洁肤啫喱。

单靠成分表来判断一个产品的工艺是非常难的。好在大品牌的命名都比较科学,名字或简介中里含有"舒缓""修护""针对敏感肌"字样的产品,基本都适合敏感肌使用(一般来说,知名品牌很在乎口碑,不会胡乱起名、宣传的)。

开始洗脸啦!

洗脸前,这四样东西要备好

干净的手:敏感肌的脸很娇气,脏手细菌太多,不洗过就碰脸很容易出问题。所以洗脸的第一步就是洗手。

温水:洗脸的水温最好接近体温,冰凉或太烫的水都会刺激皮肤,加重敏感肌发红、瘙痒的状况。此外,温水还有一点点去除油脂的功能,对于干敏皮晨洁来说刚刚好。

起泡网:很多人习惯在脸上揉搓出洗面奶的泡沫,这其实是不对的,因为可能出现局部表活浓度过高的情况。这对受损的皮肤屏障又是一次破坏。用手或起泡网先揉搓出泡沫,或直接使用洁面泡沫,能进一步减少清洁对角质层的刺激。

擦脸巾:使用潮湿、不洁的毛巾擦脸,那脸可就白洗了。所以更推荐用棉柔巾,一次性使用更卫生,也省去了清洗、晾干的时间。当然,擦脸的姿势也很重要。一定要轻压面部,吸干水分,而不是用擦脸巾在脸上来回摩擦。

你真的需要卸妆和去角质吗

面部清洁可以分为卸妆 — 去角质 — 洁面三步,但并不是每个人、每一次都要老老实实遵循这些步骤。

卸妆:对于敏感皮而言,脸洗得越少越好。如果你化了妆(敏感发作期还是建议尽量不要化妆),可以使用洗卸合一的产品:

· 带有卸妆功能的洁面产品。

· 膜感不强、洗后很清爽的卸妆油或卸妆膏。

· 极敏感的，可以用便宜的乳液卸妆。（乳液中含有大量油脂，干手干脸使用，可以溶解掉彩妆。）

对于敏感肌而言，使用卸妆水的风险是化妆棉的擦拭动作会削弱皮肤屏障。因此如果使用卸妆水，一定要保证足量，并且动作轻柔。

不过眼妆和口红比较牢固，还是要用专用的眼唇卸妆液。使用时，先用蘸有卸妆液的化妆棉在眼唇部湿敷几秒，待溶解彩妆后，再轻柔地拭去。这样不仅卸得干净，也能减少对皮肤的摩擦。

卸妆产品挑选小贴士
① 以霍霍巴油为基础油的卸妆油，滋润和保湿效果更好。
② 眼唇卸妆液也有以 APG 类表活为主要成分的，更温和，适合敏感肌使用。

防晒霜需要卸妆吗？
大部分防晒霜都可以用洁面洗去，尤其是不防水的防晒霜和瓶身标注了用普通洁面可以卸除的防晒霜。判断是否洗干净的标准是看洗后脸上是否有一层均匀的水膜，如有，则洗净；如水珠仍是一滴滴的，很分散，则说明洁面产品无法洗净防晒霜，需要使用卸妆产品。

去角质：并不是人人都需要去角质。干性和敏感性肌肤角质层很薄，皮脂也不过剩，并没有多余角质可去，可以跳过这一步骤。油性肌肤偶尔可以去角质，一周 1 ~ 2 次足矣。

干敏皮清洁方案

· 早晨
脸部没出油或少量出油：用清水洗脸。

· 夜晚
没有外出 + 脸部没出油：用清水洗脸。
脸部出油 / 仅涂抹防晒霜：使用温和洁面产品清洗。
化妆：使用洗卸合一的卸妆产品清洗。

◆ 产品推荐

大宝
美容洗面奶

温和到几乎可以当作乳液使用的洁面产品（还是要洗掉的）。它的油脂含量比较高，一般的遮瑕、粉底液都可以卸除。洗后残留的少量油脂还能滋润干燥的肌肤。

fresh/ 馥蕾诗
大豆精粹卸妆洁颜凝露

fresh 的明星产品，一款纯 APG 洁面产品。在温和表活的基础上，添加了大豆蛋白、甘油等保湿成分，相比其他洁面产品更加水润。干手干脸使用，还可以卸除眉笔、粉底等淡妆。

油敏皮清洁方案

· 早晨
脸部出油：使用温和的洁面产品清洗。

· 夜晚
脸部出油 / 仅涂抹防晒霜：使用温和洁面产品清洗。
化妆：使用洗卸合一的卸妆产品清洗。如果脸部仍有油腻感，可以用温和洁面产品再清洗一遍。

◆ 产品推荐

Rafra
温感卸妆膏 + 洁面慕司

这一套产品是香香的橙子味，用着很开心。卸妆膏洗完之后没有油膜感，很清爽，后续不用洁面也不会觉得难受。洁面慕司是氨基酸表活，清洁力适中。因为加了碳酸所以泡沫很丰盈。适合非极度敏感期的油皮晨洁使用。

Paula's Choice/ 宝拉珍选
大地之源洁面凝胶

外号"绿鼻涕"。它包含 APG 、氨基酸以及两性基三种表活成分，且不含香精，清洁能力上佳又温和。不仅适合痘痘肌、油敏皮，干手干脸使用同样可以卸妆。

护肤基础：保湿

撰文 陈熙　设计 张依雪　摄影 王海森
摄影助理 陈子建　场地 SenSpace

很多人会把补水、保湿混为一谈，觉得不过就是往脸上拍点水而已。可现在大部分人都有过度清洁的问题。通过保湿为皮肤补充水分、油脂，对于维持皮肤屏障的健康至关重要。

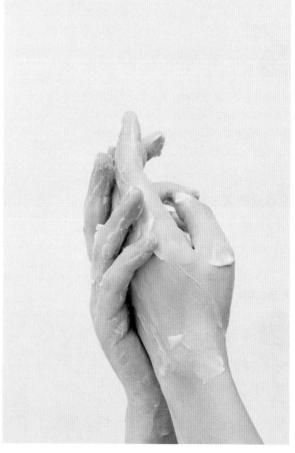

正确理解保湿

正常状态下，皮肤真皮层的含水量能达到 70%，角质层含水量大约在 10% ~ 20%。皮肤底层源源不断地向外输送水分，角质层和皮肤表面的皮脂阻止水分散失，我们的皮肤就能时刻保持水当当的状态。

但干性肌肤皮脂分泌不足，本就少了一层封闭的油膜延缓水分散失。如果此时角质层再受损，那简直就如坍塌的大坝一般：水泥（细胞间脂质）不再能把砖块（角质细胞）黏在一起，砖墙（角质层）松松垮垮，根本无法抵挡呼之欲出的水流，只能眼睁睁看着它流走。

所以对于干燥的皮肤而言，只拍拍化妆水为脸部补水是远远不够的，**更重要的在于锁住水分**。保湿产品中的封闭剂、吸湿剂和润肤剂就承担了这项工作。

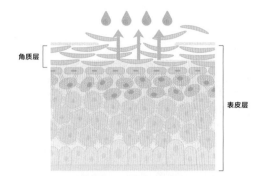

皮肤屏障受损后，水分很容易流失

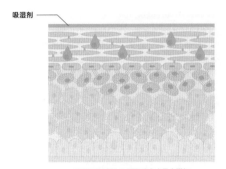

补充吸湿剂后，角质层的含水量会增加

💧 吸湿剂

我们可以把吸湿剂想象成海绵，有吸收周围水分的能力。大多数时候，它们都是从皮肤深层吸收水分到角质层。不过在环境湿度超过 70% 时，也可以从空气中抓取水分。所以在湿润的环境里，吸湿剂能发挥最大的效果。

典型的成分有多元醇类物质，比如甘油、山梨醇、丙二醇等。因为它们还是良好的溶剂，所以大多数护肤品中都能见到它们的身影。

更高级一点的，是补充皮肤中本身就有的成分，像**透明质酸**（即玻尿酸）、**吡咯烷酮羧酸钠**、**氨基酸**等。它们不仅更安全亲肤，还可以修护屏障，恢复皮肤自身的保水能力，**更适合敏感肌。**

💧 润肤剂

干燥皮肤的角质细胞濒临脱落，细胞与细胞之间也有了缝隙。因此除了补水，**我们还需要润肤剂来填补细胞之间的空隙。**

润肤剂是油性物质，可以使皮肤表面看起来更光滑、柔软，提升皮肤状态。常见的润肤剂包括**蓖麻油、霍霍巴油**等。一些吸湿剂或封闭剂也具有润肤功能。

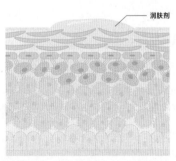

角质细胞间的缝隙被润肤剂填满，皮肤触感变得光滑

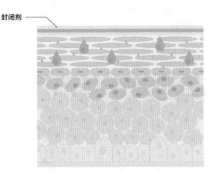

封闭剂延缓了水分流失的速度，使皮肤长时间保持湿润

💧 封闭剂

如果仅仅用吸湿剂和润肤剂，皮肤水润的状态只能保持一小会儿，水分蒸发后又会回到干燥状态。这时候我们就需要封闭剂，**阻止或延缓水分蒸发流失**。封闭剂就像是一层油膜，能把水分都罩住，让肌肤长时间保持水润的状态。

常见的封闭剂有表中这些，其中矿脂（凡士林）、羊毛脂的封闭性比较强。除此之外，其他的由强到弱基本是这个排序：矿物油类＞硅油类＞合成酯类＞动、植物油脂。

矿物油类	矿脂、矿物油、石蜡、液体石蜡
硅油类	聚二甲基硅氧烷、环五聚二甲基硅氧烷、环己硅氧烷
合成酯类	辛酸/癸酸甘油三酯、C12-15醇苯甲酸酯
动物油脂	羊毛脂、马油、绵羊油、角鲨烷
植物油脂	乳木果油、霍霍巴油
其他	硬脂酸、羊毛脂醇、十六醇、十八醇、卵磷脂、胆固醇

羊毛脂有潜在致敏性，但精制羊毛脂的致敏力会下降很多。敏感肌使用含它的护肤品时，记得先做皮肤测试。

各肤质保湿产品怎么挑？

皮肤类型	产品类型	首选成分	备注
油皮	乳液、啫喱	硅油及其衍生物	要避开封闭性强的成分，不然可能会闷痘
干皮	面霜	矿脂、矿油、透明质酸、甘油	要选择保湿性、封闭性都好的护肤产品
敏感皮	油敏肌选择乳液，干敏肌选择面霜	神经酰胺、尿囊素、泛醇	要着重选择带有修护功能的产品

◆ 产品推荐

SKINCEUTICALS/ 修丽可
维生素 B₅ 保湿凝胶

修丽可明星产品之一，主要成分为玻尿酸和泛酸钙（在皮肤中会转化为泛醇），兼具保湿和修护的功能。因为完全不含封闭剂，所以很适合油敏皮。

LA ROCHE-POSAY/ 理肤泉
B₅ 多效修护霜

这是一款以维生素 B₅（泛醇）保湿修复，羟基积雪草甙抗炎，硅油和牛油果树果脂锁水的面霜。保湿效果很好，干皮冬天使用也没问题。

Cetaphil/ 丝塔芙
致润保湿霜

这款面霜包含矿脂、硅油等多种封闭剂，锁水能力很强，适合非常干燥的皮肤。它不光能做面霜，还能做身体乳，有缓解湿疹的功效。

Dr.Yu/ 玉泽
皮肤屏障修护调理乳

它以植物油脂、多元醇、多糖等成分保湿滋润，并添加神经酰胺、尿囊素修护舒缓。轻薄的乳液质地很适合不特别干燥的敏感肌使用。

保湿 Q&A

1. 乳液、面霜是两者都要用吗?

并不是,它们一个轻薄、一个厚重,根据肤质选择一种就好。除非你的皮肤特别干燥,或面霜不够滋润,那才需要同时用两个。不过在这种情况下,应该换成更适合自己的产品。

对于干皮,当皮肤感受到干燥时,可以随时补涂面霜。干皮使用面霜没有任何限制。

2. 乳液或面霜是一年四季都要用吗?

不一定,应当根据皮肤状况使用。对于皮肤经常出油的人,或者在皮肤爱出油的夏季,使用乳液就足够了。持续用封闭性强的面霜不仅会觉得油腻,还会导致毛孔堵塞,闷出痘痘。而冬季气候干燥,光用乳液对干皮来说肯定不够,一定要更换保湿能力更强的产品。

同理,对于混合性皮肤而言,也不一定要全脸都用一种产品。可以根据 T 区和脸颊的肤质选择针对性的产品。

3. 油皮是不是不需要保湿?

大错特错。皮肤的水分调节和油脂调节是两个独立的机制,皮肤油脂多,并不意味着水分含量就足够。尤其很多油皮为了保持清爽,使用清洁力强的洁面产品,更会把皮脂甚至细胞间脂质洗掉,造成皮肤屏障受损、水分流失,皮肤又干又油。

不过无论是美白、抗老还是控油的护肤品,都会有一定的保湿成分,所以油皮不需要专门购买只能保湿的产品。

4. 保湿全靠面膜或喷雾行不行?

不行,面膜和喷雾都只能暂时为皮肤补水,没有封闭性,一会儿水分就都蒸发了,属于护肤步骤中可有可无的"附加项"。要想长久保湿,一定要后续叠加面霜或者乳液。

5. 为了保湿天天敷面膜可以吗?

过犹不及。回想一下,洗衣服或游泳时,手长时间泡在水里,皮肤是不是会产生褶皱,干了以后会爆皮呢?这就是水合过度的症状。天天敷面膜也是如此,容易造成水合性皮炎。⑪

护肤基础: 防晒

撰文 陈熙　设计 / 插画 张依雪　摄影 王海森 高晨玮
摄影助理 陈子建　场地 SenSpace

看到这里, 相信你已经知道让皮肤变黑、变老的元凶
是紫外线中的 UVA 和 UVB 了。而要防御它们, 可不仅
仅是挑一支好防晒霜那么简单。

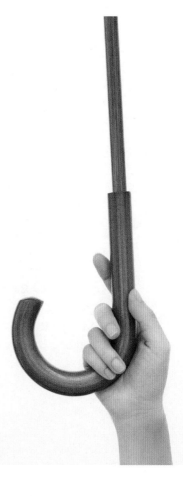

防晒 ABC 原则

ABC 原则，即 Avoid（避免）、Block（遮挡）和 Cream（防晒霜）三个词的首字母组合。这三个词不仅精准地概括了三个防晒动作，还恰好按照效果的优劣排序，下文简称 A 原则、B 原则和 C 原则。

优

A 原则：避免

B 原则：遮挡

C 原则：防晒霜

劣

A 原则：避免

听起来好像基本得不像一条原则，但人人都知道这是最有效的防晒方法。能不出门就不出门，外出尽量走在阴凉处。避免与紫外线接触，它又能奈你何呢？

窗边也要防晒

避免被紫外线照射，可不是躲到房间里就万事大吉了！太阳光会从窗户进入室内，偏偏把人晒老的元凶 UVA 是基本无法被玻璃阻挡的。所以坐在有阳光直射的窗边时，也一定要注意防晒。

B 原则：遮挡

像打伞、戴帽子、戴墨镜、穿防晒服等，都属于硬防晒，即通过遮挡抵御紫外线，有特别好的防晒效果。这个方法最适合敏感肌，因为不在皮肤上涂抹护肤品，减少了敏感的可能。

防晒纺织品怎么挑？

不光防晒服，防晒伞、防晒帽和防晒口罩都属于这个类别。市场上防紫外线产品的质量良莠不齐，很多都是打着名号而已，要想买到真正能够抵御紫外线的产品，得关注标签上的这两个信息：

1. 执行标准：GB/T 18830-2009；

2. 标有 UPF 40+ 或 UPF 50+。（UPF：紫外线防护系数，评判纺织品的防晒能力好不好就靠它。）

墨镜怎么挑？

想买到能抵御夏季强光的墨镜，同样要关注标签：

1. 产品类别是"遮阳镜"；

2. 产品分类是"二类"或"三类"，即墨镜透射比的分类。它意味着有多少太阳光能通过墨镜。一般来说，二类透射比的适合春秋，三类透射比的更适合夏季。

◆ 品牌推荐

BANANAUNDER/ 蕉下

蕉下是国产防晒伞中比较专业的品牌。它的品类划分得很细，单层伞、双层伞、三折伞、五折伞一应俱全，不论是便携性还是设计感都不错。

天堂伞

天堂伞也是多年大品牌了，质量有保障，而且价格相当亲民，大部分都是 40 ~ 50 元左右。因为遮阳伞只是天堂伞多个品类中的一个分支，所以购买时要注意是否有标 UPF 值。

Coolibar

它是来自美国的领先防晒品牌，曾被皮肤癌基金会（SCF）、黑色素瘤国际基金会（MIF）推荐。产品包括防晒服、各种款式的遮阳帽、防晒袖套等。它家的防晒服不仅防晒效果好，而且透气、吸湿、排汗，夏季穿着不会闷热难耐。值得一提的是，它家将防紫外线物质融入纤维，因此很耐洗。

ohsunny

这是一个国内平价防晒品牌。最出名的是防晒口罩，因为鼻子部位开孔所以比较透气。防晒服的防护力足够，不过面料相对偏厚一点。

不防水

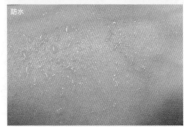

防水

可以用喷雾测试防晒霜的防水效果。喷雾遇到不防水的防晒霜,水会连成片;遇到防水的则会凝结成一颗颗水珠。

C 原则:防晒霜

涂抹防晒霜是最后一道防线,帮助那些不得不裸露在外的皮肤免受紫外线的伤害。要判断防晒霜的防晒能力,看以下几个标志:

1.SPF:表示对 UVB 的防护能力。SPF 后跟的数值越大,效果就越好。我国规定的最大标注值为 SPF 50+。

2.PA+:表示对 UVA 的防护能力。PA 后跟的加号越多,效果就越好。我国规定的最大标注值为 PA++++。

3.UVB+ UVA :产自欧洲的防晒霜所使用的标注方式。只在 UVA 上画圈,则说明它对 UVA 有比较不错的防御能力。比如一款带有该标志,且 SPF 50 的防晒霜,对 UVA 的防护力相当于 PA++++。

4.广谱防晒:美国的防晒霜只要包装上有"广谱防晒"(BROAD SPECTRUM)字样,就说明它能够防御 UVA 和 UVB,不过具体的防护能力难以判断。

5.Water Resistant:如果产品上有这个单词,说明它具有防水性,在水中浸泡40 分钟防晒力不变。如果浸泡在水里 80 分钟防晒力不变,则会标注 Very Water Resistant。这类防晒霜适合在游泳时涂抹。

在防晒霜中起到防晒作用的,是物理防晒剂和化学防晒剂。那它们又有什么优缺点呢?

物理防晒剂

通过反射、散射紫外线来保护皮肤的防晒剂,被称为物理防晒剂。这类成分最常见的就是氧化锌和二氧化钛。

因为它们不会在脸上发生化学反应,所以对皮肤刺激性小,很适合敏感肌使用。而且在没有流汗、出油、摩擦的前提下,也能保持比较长的时间。不过这两种成分的缺点是泛白、偏油腻。除非把它们的分子做得很小,否则为了让肤感不会太差,纯物理防晒霜只能克制地添加这两种成分,以至于它们防护力都不是特别好。适合通勤,而不是长时间的户外活动。

◆ 产品推荐

ANESSA/ 安热沙
倍呵防晒乳 SPF 30 PA+++

这款纯物理防晒霜有抗氧化的功效,且不含酒精、香精,成分安全,宝宝都能放心用。它是乳液质地里,很好涂抹均匀。不过成膜后会有一点拔干,适合油敏皮使用。

Topix Replenix
纯物理防晒霜 SPF 50+

Topix 抗氧化系列下的一款防晒霜。它只含有氧化锌一种防晒剂,所以尽管 SPF 达到 50+,对 UVA 的防护仍然不是特别全面,还是更适合通勤使用。它一点不假白,抹上去是亚光质感,但容易搓泥,不适合跟妆。

化学防晒剂

化学防晒剂是通过吸收紫外线达到防晒效果。这个家族人丁兴旺,名字还都特别复杂,所以你也不必一一记住。只要看到成分表上没有氧化锌和二氧化钛,那你手里的就是一支纯化学防晒霜。如果有物理防晒剂,又有化学防晒剂,那它就是物化结合的防晒霜。

因为化学防晒剂在吸收紫外线的过程中会牺牲自己,所以暴晒 1~2 个小时后,就需要补涂防晒霜。相对物理防晒剂,化学防晒剂安全性没有那么高,所以极敏感的皮肤建议不要使用化学防晒霜,而是以硬防晒 + 物理防晒霜为主。

不过现在配方师们也在尝试让化学防晒剂不容易进入皮肤，所以也有一些纯化学或物化结合的防晒霜可供敏感肌选择。

◇ **常见的化学防晒剂**   ▢ 可用   ▨ 警示／不推荐

甲氧基肉桂酸乙基己酯（OMC、桂皮酸盐）	防 UVB。通常不与阿伏苯宗搭配，容易降低稳定性。
二乙氨羟苯甲酰基苯甲酸己酯（Uvinul A Plus）	防 UVA。
乙基己基三嗪酮（Uvinul T 150）	防 UVB。安全，具有一定的抗炎效果。
双 - 乙基己氧苯酚甲氧苯基三嗪（天莱施 S）	防 UVA。温和、稳定，与阿伏苯宗搭配，还可以提高阿伏苯宗的稳定性。
亚甲基双 - 苯并三唑基四甲基丁基酚（天莱施 M）	防 UVA、UVB。不易被皮肤吸收，安全。
对苯二亚甲基二樟脑磺酸（Mexoryl SX） 甲酚曲唑三硅氧烷（Mexoryl XL）	防 UVA、UVB。它们是一个组合，合称麦色滤，是欧莱雅集团专利成分。防晒效果好，且不易被皮肤吸收。
胡莫柳酯 水杨酸异辛酯（EHS）	防 UVB。本身防晒力不强，主要为了增加其他防晒剂的效果。安全性佳。
二苯酮 -3	防 UVA、UVB。容易被吸收，可能引起接触性皮炎，敏感肌慎用。
丁基甲氧基二苯甲酰基甲烷（阿伏苯宗）	防 UVA 效果最好。很不稳定，遇光分解后可能会导致过敏反应。会染黄衣服。

◆ **产品推荐**

SKIN AQUA/ 新碧
水薄清爽防晒露 SPF 30 PA++

虽然防护力不强，但它胜在便宜大碗，适合配合硬防晒作为身体防晒使用。不含酒精、香精，比较水润，敏感肌可以一试。

URIAGE/ 依泉
防晒隔离润唇膏 SPF 30

防晒别漏了嘴唇，不然唇色可能会变深哟。除了戴口罩，还可以选择这款润唇膏，在滋润的同时防晒。

Ultrasun/ 优佳
美白抗污染水感防晒隔离乳
SPF 50 PA++++

优佳是瑞士专业防晒品牌，主打敏感肌防晒。它家选取的都是争议较小的化学防晒剂成分，同时经过处理让其难以渗透进皮肤，相对更安全。此外，它还添加了新型生物防晒剂依克多因，可以保护细胞免受紫外线的污染和损伤。

防晒知识小贴士

1. 防晒霜足量使用才有效，否则和没抹一样！如果产品上没有标明，一般要涂抹 1 克左右的防晒霜。直观地看，浓稠的乳液质地可以涂抹一元硬币大小的量，稀薄、流动性强的乳液质地大概要 2～3 个硬币大小，厚重的乳霜质地约是硬币宽度的一条。

浓稠乳液　　　　稀薄乳液　　　　乳霜

2. 一直在户外活动的话，防晒霜要 2 个小时补涂一次。如果化妆了，可以补涂有防晒功能的粉底。

3. 一年四季都要防晒。不过冬天选择 SPF 30 左右的防晒霜就够了。

4. 阴天也要防晒。云层无法阻挡 UVA。

5. 两个有防晒效果的护肤品叠加使用，防晒力会提高，但不是 SPF 数值的单纯相加。比如 SPF 20 和 SPF 30 的产品叠用，达不到 SPF 50 的效果。

6. 上午 10 点到下午 2 点阳光最强，出门最好避开这个时段。

7. 眼睛、嘴唇、脖子、手，以及自己的孩子，都别忘了防晒。

8. 防晒伞的防晒涂层会在开合、摩擦、雨水的冲刷中脱落，所以 1～3 年就要换一把。防晒服、防晒口罩的防护力也会因清洗衰减，所以根据清洗频率，两个月到一年也要换一拨。

各国防晒霜有啥不同？

1. 即使是同一品牌生产的同一款防晒霜，在不同国家、地域也有可能是不同的。这是因为不同标准下所允许使用的防晒剂不同。

2. 像很多在其他国家应用广泛的新型防晒剂，十几年也没有通过美国食品药品监督管理局（FDA）的审批。而落后的、有争议的二苯酮 -3，却仍被美国厂商广泛使用。

3. 除了成分，各国防晒霜在标识、防护力、肤感上也大有不同。你可以根据它们的特点，选购适合的产品。

防晒类型	日系防晒	欧系防晒	美系防晒
防晒标识	SPF、PA+	UVB+ UVA	广谱防晒
防护力	有防晒值虚标的情况	防护力强	UVA 防护力不好判断
防水	无固定标注形式	如防水会注明 Water Resistant	
肤感	1. 轻薄不油腻，但可能拔干 2. 适合油皮	1. 偏厚重、油润 2. 适合干皮	
成分特点	酒精含量普遍偏高	新型防晒剂较多，研发走在行业前列	1. 成分老旧，多含有可能引起接触性皮炎的二苯酮 -3 2. 其他国家的防晒霜在美国出售，配方常被阉割过
推荐指数	☆ ☆	☆ ☆ ☆	☆

痘痘肌的特殊护理

撰文 Key　设计 张依雪

即使是出油的皮肤也可能存在敏感的问题，了解清楚原因，才能有针对性地选择温和且有效的产品。

皮肤干、泛红还满脸小痘痘怎么办？

发生这样的情况一定要审视自己的护肤习惯，大多数亚洲人都是混合型皮肤，脸颊是相对偏干的。不恰当的护肤习惯，比如频繁敷面膜、过度清洁等都会导致角质代谢出现异常，然后出现毛孔阻塞的情况，这个表现就是我们俗称的闭口。

闭口是比较常见的一种痤疮类型，这个阶段炎症并不严重，只是角质代谢异常，而且往往伴随着所谓的"外油内干"，针对这样的情况，推荐使用含乳糖酸的产品进行护理。

乳糖酸属于果酸的一种，是非常温和的第三代果酸，在人体中是自然存在的。相比传统的果酸（甘醇酸），乳糖酸的保湿能力更强，并且具有一定的抗老作用，更温和的去角质能力反而让它更加适合受损肌肤。

果酸成分还有一个优点，能够帮助皮肤的 pH 调整到偏酸的状态。皮肤表面 pH 偏酸对于常驻菌群的生存更有益处，而且还能够抑制金色葡萄球菌这类病原菌的存活。

◆ 产品推荐

NeoStrata/ 芯丝翠
活性面部精华液

NeoStrata/ 芯丝翠
活性乳糖酸乳液

芯丝翠是专门研究果酸的品牌，拥有很多相关专利，从医美药液到日常护肤品都有涉猎。这个系列的乳液和精华特别推荐想要去闭口、觉得皮肤吸收不好的干敏皮尝试，无香精、无色素，避免多余的刺激。

所谓的"外油内干"只是一种皮肤状态，和"水油平衡"没什么关系。外油是皮肤屏障受损之后，要通过增加油脂分泌，让皮肤表面覆盖油脂来减少水分散失的调节方式。内干是因为屏障受损而出现的紧绷、干燥的表现，都和屏障功能受损有关。

皮肤油、敏感又有痘怎么办？

油性皮肤容易长痘，是因为本身角质层比较厚，油脂分泌多，这就给很多以油脂为食物的厌氧菌提供了很好的生存条件。有害菌们肆意繁殖，就引发了菌群失衡。这不但是长痘痘的根本原因之一，也是敏感肌的一个特点。

痤疮丙酸杆菌在大量繁殖的过程中还会分解油脂，生成油酸等炎症因子，影响皮肤屏障，造成泛红和刺激。敏感性痘痘肌虽然少，但并不是不存在，尤其是在错误护肤方式的影响下会越来越普遍。

应对这种情况，原理上我们还是按照痘痘肌的方式处理，只是产品的选择需要更加温和。

1. 清洁油脂

　　清洁油腻腻的脸是一定有必要的，因为痤疮丙酸杆菌的繁殖需要皮脂作为食物，食物减少了，对控制有害菌更有帮助。产品建议遵循敏感肌的适用情况，以氨基酸、APG表活的产品为主。

2. 去除老废角质，减少病菌

　　痤疮丙酸杆菌是一种兼性厌氧菌，毛孔阻塞的时候会形成封闭的缺氧环境，对于厌氧菌繁殖非常有利，所以去除毛孔周围的老废角质，让毛孔中的油脂能够顺利排出，不产生厌氧环境很有必要。去角质的成分有很多，对于敏感痘肌推荐杏仁酸和改良过的水杨酸，这两种都比较温和。

　　杏仁酸在甘醇酸（常见的一种果酸）的结构上加了一个苯环，让杏仁酸具有溶解油脂的能力，而且还有一定的抗菌能力，因为分子量变大，性质也变得更加温和。

　　水杨酸和阿司匹林的结构相近，也同样具有抑菌、抗炎的能力。水杨酸目前在国内最高可以添加到2%浓度，这种浓度对于敏感肌甚至普通肌肤都可能产生刺激，所以有了各种改良技术。比如玉泽的清痘系列，就是将水杨酸和壳聚糖连接，降低刺激。也有玛蒂德肤这种将水杨酸用环糊精进行包裹，变成缓释型的产品，通过缓慢释放成分让皮肤逐渐适应。

◆ **产品推荐**

Dr.Yu/ 玉泽
清痘修护精华液

温和祛痘外加修护屏障的路线，相比市面上的其他产品，功效没有那么猛，但正好适合油敏皮，也适合严重痘肌用来辅助治疗。

MartiDerm/ 玛蒂德肤
清肤净痘精华啫喱

西班牙品牌，产品是一个偏水性的配方，完全不油腻，薄薄一层，夏天使用也没什么负担。

DR.WU/ 达尔肤
杏仁酸温和焕肤精华液

水感质地的精华，除了杏仁酸，还有辅助抗炎的成分，配方比较简洁。除了油敏皮，干性皮肤也可以涂一涂T区，延缓黑头产生。

3. 轻度保湿，修护屏障

　　痘痘肌也依旧需要保湿和修护屏障，但是在产品的选择上应该以清爽为主，主要还是首选啫喱状、凝露状的产品，成分以植物鞘氨醇、神经酰胺、维生素B₅为主。

◆ **产品推荐**

noreva
三合一祛痘精华

法国品牌，烟酰胺和植物鞘氨醇提供抗炎功效，烟酰胺不耐受的慎重选择。含有控油成分，夏天使用也舒服。

经期、孕期、不同季节该如何护肤？

撰文 陈熙　设计/插画 沈依宁

了解完基本的护肤步骤，下一步就是结合自己的生活环境及身体状况
设计合适的护肤方案。

寒冷、干燥
环境下的护肤方案

关键词：冬季、北方、皮肤干痒

气候干燥，角质层的水分也更容易流失。
这种环境下，护肤重点在于温和清洁、舒缓保湿、做好防晒。
尤其要选好面霜。

高温、湿润
环境下的护肤方案

关键词：夏季、南方、皮肤出油

高温环境中，皮肤油脂分泌会加快。
而且随着气候变得湿润，皮肤失水量也会减少。
这种情况下，皮肤很少会干燥，有的人皮肤会变得很油，
所以护肤重点转为适度清洁、清爽保湿、做好防晒。
因为紫外线强烈，防晒霜更是必不可少。

寒冷、干燥		**高温、湿润**	
干皮	**油皮**	**干皮**	**油皮**
都可以使用 APG 或氨基酸类洁面产品		使用 APG 或氨基酸类洁面产品	使用 APG 或氨基酸类洁面产品；出油严重时可以穿插使用复配皂基的洁面产品
使用封闭性强、保湿效果好的面霜；可适当敷面膜	根据皮肤的出油情况判断，如果偏油可以使用乳液，如果不出油可以使用清爽的面霜	根据皮肤的干燥情况判断，如果不干燥可以选乳液，干燥可以选面霜	使用乳液、啫喱或凝露质地的产品；不必特意选择保湿产品；注意控油
使用 SPF 30 左右的防晒霜即可		使用 SPF 50 的防晒霜；搭配防晒伞、帽子等硬防晒产品	

清洁

保湿

防晒

经期护肤重点

　　女生体内的激素水平会受经期影响波动,这时皮肤会变得爱出油、爱长痘,尤其是油皮。

注重控油

① 注意清洁,但不要贪多。
② 可以使用吸油纸减少脸上的油光。
③ 可以使用含有高岭土、矿物质粉的护肤品,有助于吸附脸上的油脂。

改善痘痘

① 使用含有低浓度或改良后的水杨酸、果酸的护肤品去除多余角质,但要先做好耐受性测试。
② 可以通过使用 2% ~ 4% 浓度的烟酰胺护肤品减少油脂分泌并抗炎,来治疗痘痘。同样也要先做好耐受性测试。
③ 使用含有泛醇(维生素 B_5)的产品消炎、舒缓,促进伤口愈合。

经期容易长痘,除了激素影响,还可能是因为喝了太多红糖水。糖虽然能令人愉悦,但更是长痘的元凶之一。而且红糖也并不能治疗痛经,如果你觉得舒服了,主要还是热水的效果。

孕期护肤重点

　　怀孕时不用过度紧张,只要避开少数几个成分,大部分护肤品、化妆品都可以继续使用。而且孕期一定要做好护肤,尤其是防晒,不然皮肤会变得很糟糕,如果出现问题,也难以用药治疗。

① 怀孕期间可以使用护肤品。但最好不要尝试新产品,以减少过敏几率。
② 怀孕期间可以化妆,但不要太过频繁,要使用质量有保证的产品。
③ 相比其他时候,怀孕时更要做好防晒。因为孕期的激素改变会使细胞活跃,容易产生黑色素,这时候一旦被阳光刺激,就容易形成妊娠斑(孕期黄褐斑)。
④ 怀孕期间需要避开的成分:水杨酸及其衍生物、维 A 类衍生物、二苯酮 -3。
⑤ 不要涂指甲油,不要使用喷雾发胶。它们可能含有邻苯二甲酸盐,会影响男孩的生殖系统发育。
⑥ 最好不要烫染发。首先,烫染发剂很容易引起皮肤过敏。其次,虽然孕期烫染发对胎儿的影响还没有定论,但有证据显示会提升宝宝患先天疾病的风险。

口服维 A 酸会致畸,口服乙酰水杨酸(阿司匹林)也有引起胎儿异常或大出血的风险。保险起见,它们的衍生物最好也不要外用。不过视黄酯(维 A 酯)因为能转化成维 A 酸的量非常少,所以可以少量使用。美国防晒霜用得比较多的二苯酮 -3 容易被皮肤吸收且容易致敏,孕妇不要使用。

尽管很多人谈防腐剂、香精色变，但这些被广泛应用到护肤品中的成分总体来说是很安全的——对于健康肌肤而言。敏感肌因为皮肤屏障受损，角质层防御能力减弱，所以更容易受到刺激。碰上"红灯区"成分不仅可能令皮肤不适，还会减慢皮肤的康复速度。

敏感肌在挑选护肤品时，要格外注意以下五类成分：

香精

护肤品中所含的少量香精，对健康皮肤一般不会产生副作用，但对敏感肌并不友好。

研究证实，目前最易引起化妆品过敏的成分就是香精。护肤品中使用的香精，不论是植物提取还是化学合成，一般都不是单一成分。配方越复杂、成分越多，致敏的几率越会提升。而它们产生香味的机理，就是挥发出有香味的物质。

虽然香香的气味能让护肤过程更愉快，但脆弱的敏感肌在修复皮肤屏障前，还是先舍弃体验，选择"无香精"的护肤品吧。

色素

众所周知，色素并不是有益于我们皮肤的成分。对于健康的皮肤，完整的角质层能将其隔绝。可敏感肌的角质层很薄，甚至是破损的，不仅容易被合成色素的成分刺激，还便于一些着色剂向皮肤内渗透。

所以敏感发作期最好不要化妆，以减少皮肤与彩妆、底妆中色素的接触几率。带有肤色修饰功能的有色面霜也含有色素，最好也不要使用。

防腐剂

在护肤品中添加防腐剂是为了抑制细菌滋生。使用变质护肤品的危害，可比把极少量的防腐剂涂抹在脸上的危害要大得多。况且目前被广泛允许使用的防腐剂，只要含量低于相关规定，其实是非常安全的。

但不可否认，防腐剂的确会刺激皮肤，甚至令人过敏的风险。要想避免，一种方法是你可以通过尝试多种护肤品，找出不会令自己敏感的防腐剂种类使用——一个人很难对所有防腐剂都过敏；另一种更稳妥的方法，是选择使用特殊的包装工艺，即使不添加防腐剂也不易腐败的产品。

比如，有些护肤品会设计为"无菌舱"的包装，避免膏体与空气接触；有的片状面膜会做成干的，使用的时候再混合面膜液；还有的精华会设计成安瓶包装，隔绝空气，随用随启，也就不担心变质问题了。不过要注意的是，并不是所有安瓶包装的护肤品都不添加防腐剂，购买前还是要看一下成分表。

常见刺激成分有哪些？

撰文 陈熙　设计 张依雪　摄影 高晨玮

了解香精、色素、防腐剂、酒精等成分可能带来的刺激，能够帮你挑选到更低风险、更安全的护肤品，平稳地度过敏感期。

◆ 各类防腐剂可能存在的副作用

· 苯氧乙醇可能会使皮肤刺痛。
· 甲醛释放体防腐剂会缓释甲醛，可能造成过敏。它们成分名中一般都带个"脲"字，比如双咪唑烷基脲、DMDMH（1，3-二甲基羟甲基二甲基乙内酰脲）等。
· 异噻唑啉酮类可能会导致接触性皮炎，代表成分包括甲基氯异噻唑啉酮和甲基异噻唑啉酮。这两种成分搭配起来仅限于非停留类护肤品，比如在洁面中使用。
· 尼泊金酯类防腐剂也有可能引起接触性皮炎，但相对其他防腐剂要好得多。其中尼泊金丁酯有致乳腺癌的争议，但目前并没有证据证实，唯一要注意不要在有伤口的皮肤上使用。尼泊金甲酯、乙酯、丙酯和丁酯都属此类。

酒精

　　酒精常常作为溶剂在配方中使用，还有一定的抑菌作用，是一种很好的基质成分。但是高浓度酒精的护肤品对敏感皮，尤其是干性肤质的敏感皮而言，就不那么友好了，因为它会破坏细胞间脂质。我们在前文讲过，细胞间脂质就像墙体上连接砖块的水泥灰浆，它一旦被破坏，那砖块也就是角质细胞就会跟着松动。结果就是皮肤屏障受损，脸部的水分特别容易流失，干燥、起皮屑这些小毛病都找上门来。

　　另外，酒精快速挥发带来的清凉感，也有可能刺激敏感的皮肤发红。如果角质层已经受损，接触酒精还会觉得刺痛。想想皮肤受伤时用酒精消毒的那种酸爽感受吧。

　　所以敏感皮请尽量远离酒精在配方表中排位靠前的护肤品，高浓度会带来比较明显的刺激感。如果使用含有低浓度酒精的产品，一定要注意做好保湿。

◆ 酒精（乙醇及变性乙醇）是护肤品中常见的成分。它除了作为溶剂溶解其他成分外，还有促进渗透、清凉收敛的效果。中性或偏油性的正常皮肤可以放心使用。

部分活性成分

1. 酸类、视黄醇（维 A 醇）类

　　水杨酸、果酸等酸类和视黄醇、视黄醛、视黄酯类的物质刺激性都比较大，有加速角质层剥脱的效果。

　　虽说视黄醇类成分能促进新陈代谢，长期来看会令角质层增厚，但使用初期会令皮肤泛红、刺痛、角质层变薄，敏感肌还是要谨慎使用。正常皮肤用的话，也要从低频率、低浓度开始，并做好保湿。

◆ 第三代果酸——乳糖酸是比较温和的酸类，角质层剥脱的反应也很小。想要焕肤，且皮肤没有处于非常敏感状态的话，可以尝试。

2. 高浓度的功效型成分

　　强效美白、抗老产品的活性成分浓度一般都不低，刺激性不小，很多还添加了促渗成分。要知道促进渗透本身就是和皮肤屏障作对，会刺激受损的肌肤。

　　因此对于敏感肌来说，修护皮肤屏障是首要任务，美白、抗老不如等皮肤健康后再进行。⦿

光电技术的是与非

撰文 / 编辑 舒卓　设计 NA　摄影 王海森
模特 杨璐溪　摄影助理 陈子建　场地 SenSpace

日本科学家中村修二因为开发蓝光 LED（发光二极
管）技术而获得了 2014 年的诺贝尔物理学奖，从此
光电技术在医学领域的运用也越来越普及，敏感肌
能从中受益吗？

◆ **针对敏感皮肤，光电美容技术能起到什么作用？**

理论上光电技术可以通过帮助角质形成细胞增生和巩固细胞间脂质来恢复皮肤屏障功能，也可以刺激末端毛细血管收缩。敏感性皮肤经常伴随面部潮红的表现，这种表现的实质是弥漫性毛细血管扩张。这有可能是使用激素类美容品或药物导致，也有可能是光电治疗不当引起的炎症反应，或者是过度角质剥脱，长期受到外界不良刺激导致皮肤屏障功能被破坏。针对这种症状可以采用药物控制炎症反应，同时采用医学护肤品、激光或光电联合综合治疗。

◆ **哪些光电技术可以缓解皮肤敏感？**

祛红的方法主要有 585nm、595nm 激光，长脉宽翠绿宝石激光 755nm、810nm 半导体激光、Nd:YAG 激光（1064nm）、强脉冲光（400nm/515nm–1200nm）和光动力治疗。

近年来大热的舒敏之星，主要通过电离渗透作用补充水分和皮肤所需的脂质来修护水脂膜和皮肤角质形成细胞的功能，同时收缩血管、刺激皮肤胶原蛋白新生，帮助增强皮肤对外界刺激的耐受性，从而达到一定的脱敏效果。

◆ **哪些情况适用于舒敏之星？**

舒敏之星的适应症有敏感性皮肤、玫瑰痤疮、寻常痤疮、激素依赖性皮炎、面部湿疹和脂溢性皮炎。但具体情况还需要依据检查结果配合医生具体指导，皮肤疾病一定需要正规医疗机构给出诊断及解决方案。更多人可能只是处在皮肤敏感的状态，但无论是以上哪种问题，都不是一台机器可以彻底解决的，需要综合治疗方案，除此之外日常的护理及生活习惯都会影响恢复程度。

◆ **光敏感的人群能做光疗类的项目吗？**

光敏感的人群一般都是对紫外线过敏，常见的光疗类项目没有紫外线辐射，所以两者之间没有直接关系，但强脉冲光的治疗还是要避免。光敏感的人群无论有没有进行医疗和生活美容类的项目，都要把防晒放在第一位，生活中的紫外线才是应当注意隔断的过敏原。

◆ **哪些光电项目容易引发皮肤敏感？**

依据个人情况不同，很多光疗类项目术后会产生红斑和水肿，一般通过冷敷，数小时内可得到缓解，如果是持续性的症状则需要及时就医。脱毛类项目由于需要先使用刮刀刮去毛发，在这个过程中会造成大面积细微伤口，表皮受到这样的刺激就相对容易产生刺痒和红疹的现象。

◆ **提拉紧致类超声美容项目兼具改善表皮状态的作用吗？**

很多产品和项目在宣传时会涵盖一些我们希望听到的效果，但更多的可能是从个例和经验中得出的结论，常常超出目前医学领域可明确判断的范围。如果是帮助脸部紧致提升的超声波项目，它理论上的作用深度就不是表皮，"刺激胶原蛋白新生"这个词不是万能的，皮肤屏障更不会从表皮以下的组织变化中直接获益。

◆ **医疗美容和生活美容的区别在哪里？**

是否具有侵入性干预手段是这两者的本质区别。运用药物、手术和医疗器械等医疗手段，对人体进行侵入性的治疗，从而达到对机体形态、皮肤状态的重塑和修复等，属于医疗美容。而皮肤护理、按摩等以保养或保健为目的，提升皮肤或机体状态的手段，属于生活美容。

医疗美容可以分为五个学科方向：美容皮肤科、美容外科、美容牙科、美容眼科、美容中医科。从业人员至少是临床医学本科教育学历和医学学士学位，而且必须有《医师资格证》和《医师执业证》。消费者可以直接用医生的姓名，去"医师执业注册信息查询"网站上查询。

UPGRADE

3

进阶

功效性护肤品图鉴

撰文 Key　设计 刁姗姗　图片来源 全景

近些年，针对敏感肌的产品层出不穷。从各种神奇的温泉水，到现在的仿生脂质技术，还有兢兢业业只做好保湿的产品，其实很难说哪个更好、哪个鸡肋，因为它们在保护皮肤这件事上发挥着不同的关键作用。

神奇的喷雾

喷雾类产品在国内曾经大火过一段时间，很多敏感肌人群都或多或少接触过。提到"活泉水"喷雾，大部分人都会想到雅漾。其实法国"神泉"有很多，有理肤泉这种依靠泉水中的"硒"来辅助治疗皮炎的；也有宣称细胞等渗，依靠喷雾就可以保湿的。

对于这类产品，有人评价它们"不就是一瓶矿泉水吗"？事实并非如此，水源不同的水，口感会有优劣之分，对于皮肤的功效也会存在差异。

Avène/ 雅漾 　　　　　　　　　　　　　舒护活泉水喷雾

雅漾出身于法国皮尔法伯药企，也是由创始人皮尔法伯医生创立的护肤品牌。雅漾喷雾的活泉水中含有大量的二氧化硅，这个成分能够覆盖在皮肤表面，形成一层"膜"，帮助皮肤减少外界刺激。活泉水中还含有很多微量元素，能够提升皮肤的免疫力。

雅漾活泉水 2005 年曾用于 1050 例敏感皮肤和炎症皮肤的辅助治疗，其中 85.6% 的受试者都认为它是有效的。活泉水不仅会作为单品销售，在雅漾其他产品中，也经常代替普通的水参与到产品配方里，增强产品的修护能力。

我们之前讲过硬水可能会对皮肤造成刺激，身处在硬水地区的敏感肌，可以常备这样的喷雾产品。因为它的矿物含量低，属于软水，清洁之后喷洒冲洗面部，能够冲洗掉残留的钙镁沉淀，对于改善敏感会有帮助。

URIAGE/ 依泉 　　　　　　　　　　　　　舒缓保湿喷雾

依泉的活泉水是世界上少有的等渗水，每升水含有 11g 矿物质。它喷洒到皮肤上不会影响细胞的渗透压，不会造成细胞膨胀或者缩水，所以用起来不会感觉到明显的干燥、紧绷，还能够增强皮肤的保湿能力。水中还含有大量的锌离子、铜离子，能够起到抗炎和强化皮肤屏障的作用。

一般的活泉喷雾使用之后应该用纸巾吸干，然后及时涂抹保湿产品，避免造成干燥。依泉这款就没有这样的限制，因为等渗的关系，用完也不会有干燥的感觉。

容易刺痛、瘙痒的敏感肌和皮炎患者可以常备这样的活泉喷雾，它们的温度比较低，能够即时给皮肤降温。凉凉的感觉能够快速舒缓不适感，而且这类水的水质好、刺激小，封闭包装能够保证里面的水始终是凉凉的状态，方便随身携带。

必备的神经酰胺类

神经酰胺是时下敏感肌修护产品中的明星成分，它能够得到品牌和消费者的青睐，和它本身在皮肤中的重要地位不无关系。我们身体中都存在神经酰胺，它是皮肤物理屏障的重要组成部分，它的流失会让皮肤干燥，是敏感的一大表现。补充神经酰胺是修护敏感肌的重要步骤，但是神经酰胺有 12 种之多，补充哪一种、补充多少量，都需要经过计算，随意补充反而可能伤害皮肤。

神经酰胺还存在分子量大、不容易渗透和稳定性差的问题，怎样让这个成分更好地渗透和稳定，就考验品牌的技术能力了。

CeraVe/ 适乐肤　　　　　　　　全天候修护屏障乳液

CeraVe 来自于美国，品牌名就取自于神经酰胺的英文 Ceramide 和品牌独特的 MVE 渐层缓释导入技术。

普通的护肤品在涂抹之后，成分会开始快速往皮肤里渗透，一开始可能会产生刺激，而且过段时间之后，成分的浓度降低，渗透效果就开始减弱了。就像是长跑，如果刚开始跑速度很快，后半程往往会因为体力快速下降，难以坚持。但如果一开始就保持合理的速度，全程合理规划，往往更容易坚持下来。

MVE 渐层缓释导入技术就是这个道理，它做出了一个个多层的小囊泡，类似洋葱的结构，里面包裹着具有保湿作用的神经酰胺、胆甾（固）醇和脂肪酸。在这些小囊泡一层层溶解时，保湿成分会慢慢释放出来，对皮肤刺激小，而且成分会在一段时间里不断地释放，补给到皮肤当中，达到长效保湿的效果。

皮肤屏障不健全的敏感肌和皮肤病患者，往往都存在神经酰胺 1 和 3 的缺失，CeraVe 的产品里面不但补充了这两种神经酰胺，另外也补充了 6-II 这种类型的神经酰胺，帮助皮肤恢复正常的代谢功能。并且还会补充其他的脂质成分和保湿成分，给皮肤带来更好的修护效果。

Elizabeth Arden/ 伊丽莎白雅顿　　时空焕活胶囊精华液

Curél/ 珂润　　浸润保湿面霜

　　雅顿也做神经酰胺，但它为了突出自己的配方，把神经酰胺称为"分子钉"。它的配方中也选择了 1、3、6-Ⅱ 这三种类型，给皮肤直接补充。除此之外还加入了"植物鞘氨醇"，这个成分是神经酰胺的前体，能够在皮肤中转化成神经酰胺，还能够帮助皮肤抗炎。

　　产品里还有胆固醇和各种植物油脂，帮助补充细胞间脂质的其他成分。还有少量的视黄醇棕榈酸酯，也叫作 A 酯，刺激性很小，能够帮助皮肤角质层代谢，也有一些抗老的作用。它属于修护加初抗老的产品，不管是年轻肌肤还是熟龄肌都可以尝试。

　　雅顿最大的特点在于它的包装，使用胶囊来包裹精华液。每个胶囊独立分离，一次一颗，包装非常卫生，因为不接触空气，所以可以保持成分的活性。基于这样隔绝空气的包装，配方中可以不使用防腐成分，也没有使用香精，避免了这些成分对于皮肤的刺激。

　　精华使用了大量的挥发性硅油，刚涂抹时会非常滑腻，三五分钟之后，硅油挥发就会变得很干爽。干性皮肤和油性皮肤都可以使用。

　　珂润是日本花王旗下专注敏感肌的品牌，浸润保湿是专门针对干燥敏感肌保湿的系列，洁面使用氨基酸表活，乳液和面霜采用传统封闭性的保湿成分加上一种"特殊的神经酰胺"。花王集团对于补充神经酰胺的构思比较巧妙，它们的重点不是在于单纯补充成分，而是使用了一种叫作"鲸蜡基 -PG 羟乙基棕榈酰胺"的类神经酰胺成分，它们也称之为"浸润保湿神经酰胺"。

　　这个成分相比普通的神经酰胺，能从结构上入手修护皮肤脂质，让皮肤能够直接利用面霜里搭载出来的油脂结构，缓解干燥。除此之外，这个面霜里面还使用了蓝桉叶提取物，来帮助皮肤抗炎和舒缓敏感。

　　涂抹的时候会感觉比较厚重、滋润、顺滑，是因为里面使用了大量的挥发性硅油。在皮肤表面涂抹之后，硅油会快速挥发成膜，阻挡皮肤水分散失，而且挥发之后就会变成比较轻薄的质感。另外，配方里还添加了角鲨烷，这是一种接近皮肤脂质的安全稳定的成分，和硅油一起发挥保湿的作用。

　　偏油性皮肤担心油腻的话，可以尝试一下同系列的乳液，也是主打修护，质感要轻薄很多。

聪明的拟脂技术

在之前的章节，我们介绍过仿生脂质（拟脂）的内容，单独补充神经酰胺是一个方面，但是皮肤干燥也和角质层中其他成分的流失有关系。补充脂质就需要了解角质层中脂质的成分、比例和它们的结构形状，为屏障修护提供必要的原料。国内目前跟这有关的两项技术，一个是玉泽的 PBS（Phyto Bionic Sebum，一种植物仿皮脂膜）技术，一个是霏丝佳的 ® BioMimic（一种仿皮脂膜专利）技术。

Dr.Yu/ 玉泽　　　　　　　　　　皮肤屏障修护精华乳

玉泽诞生于上海家化集团，产品是由上海家化和上海瑞金医院皮肤科联合研制，主打植物提取物的方向。它的 PBS（Phyto Bionic Sebum，一种植物仿皮脂膜）技术使用了红花籽油、油橄榄果油、牛油果油、向日葵籽油、霍霍巴酯，这些植物油脂补充皮肤屏障中所需要的脂肪酸，然后添加了神经酰胺和胆甾醇（胆固醇），用这几种成分能够直接为皮肤补充脂质。

除了滋润的脂质成分，还添加了扭刺仙人掌、海藻糖这些具有舒缓、保湿作用的植物提取成分，帮助皮肤缓解刺痛。红没药醇可以帮助皮肤抗炎，减少泛红。

普通的乳液涂抹之后，如果重新遇到水会很容易流失，无法持久地保护皮肤。玉泽选用了一种特殊的阴离子表面活性剂，通过控制产品体温环境下的表面亲水活性，减少皮表保护膜遇水流失破坏，涂抹在身上之后能够更加长效地保湿，不会因为洗澡等接触水之后就完全被冲洗掉，为皮肤提供长久的修护作用。

PHYSIOGEL/ 霏丝佳　　　　　　舒缓保湿 AI 乳霜

霏丝佳的产品来自于药企葛兰素史克旗下的施泰福实验室，它的 ® BioMimic（一种仿皮脂膜专利）技术是直接模拟皮肤屏障中脂质的结构，除了基础的植物油和神经酰胺，它还使用了一种特殊的生产工艺，让生产出来的产品更亲肤。

在它的生产工艺中，没有用传统的乳化成分，而是用高压的工艺将产品乳化。产品当中还添加了一种叫棕榈酰胺 MEA 的成分，它也是一种改良过的神经酰胺。乳化工艺加上棕榈酰胺 MEA 的帮助，让乳液的形态更加接近于皮脂的样子，这样既能做到温和，也方便皮肤吸收。乳液接触皮肤之后，能够更直接地利用到所需要的油脂，促进修护过程。成分里的肌氨酸和角鲨烷也能增强产品的保湿效果。

因为乳化工艺的不同，使用感上也和普通乳液稍有差异，会更加油亮一些，需要一定的适应时间。偏油性的皮肤可以尝试一下同系列的乳液。

经典的传统保湿类

我们一直强调敏感肌需要修护皮肤屏障，其实本质也是修护皮肤的保湿能力。在主打修护屏障的产品出现之前，市面上针对敏感肌、皮炎患者的产品还是以基础、安全的保湿产品为主。

Cetaphil/ 丝塔芙   致润保湿霜

丝塔芙是瑞士药企高德美旗下的护肤品牌，生产方面执行高于护肤品生产的药品 GMP（生产质量管理规范）生产标准，它的产品多使用经典、有效的保湿成分，比如鲸蜡醇、矿脂（凡士林）。

鲸蜡醇是贯穿丝塔芙整个品牌的保湿成分，洁面产品中用它作为构建胶束技术的组成成分，缓冲清洁剂带来的干燥感和刺激，乳液、面霜中则是作为保湿主力。它的温和度、安全性高，能够为皮肤提供足够的滋润，有效减少水分挥发。

丝塔芙的这款大白罐当中还使用了经典的矿脂，也就是我们俗称的凡士林。精纯的凡士林可以用于烧伤皮肤的辅助治疗。虽然凡士林是提取出来的成分，但它的惰性很强，刺激性很低，再加上保湿能力很好，是皮肤科医生经常推荐的经典保湿产品。

这个产品的特点就是非常滋润，涂抹完隔天洗个澡，皮肤还会感觉到滋润。没有添加香精，面部、身体都能用，也可以给湿疹患者和新生儿使用。

HABA/ 哈芭   角鲨烷美容油

皮肤屏障中并不是只有神经酰胺，神经酰胺只是细胞间脂质中的主要部分。皮肤屏障还有另外一种重要的脂质，叫作皮脂膜，它的主要成分有脂肪酸、蜡酯和角鲨烯。

角鲨烯的流失也会影响皮肤的保湿能力，造成皮肤敏感。补充角鲨烯能够帮助皮肤保湿和修护，但是这个成分不太稳定，添加到产品当中容易被破坏掉，所以配方师们将这个成分改造了一下，做出了它的衍生物角鲨烷。

角鲨烷的性质稳定，对皮肤的刺激小。覆盖在皮肤表面能够减少水分散失，而且质地很轻薄，不会有明显的油腻感，即使是偏油性敏感肌也可以使用。

HABA 这瓶美容油的成分只有角鲨烷，因为没有水和其他成分，所以不会给微生物生存提供环境，不需要添加防腐剂，也再次提高了产品的温和度。用法很百搭，可以混合到面霜里增加保湿力，或者混合到粉底液里，增加粉底的服帖度。

Avène/ 雅漾　　　　　　　　　修护舒缓保湿霜

　　雅漾的这款面霜配方非常简单,矿油、角鲨烷和硅油组成基础油脂,覆盖在皮肤表面,目的就是缓解干燥。

　　前面提到的无防腐剂产品,要不是单颗包装、单次使用的,要不是精简配方、杜绝水分的。同样是无防腐产品,雅漾的这款对包装下足了功夫。我们平时使用的软管包装的产品,挤压之后,管身重新鼓起来的过程中会抽进一些空气,空气中含有大量微生物,如果面霜不加入防腐剂,这些微生物就会繁殖,最终导致产品腐败。

　　雅漾使用了 D.E.F.I 无菌隔离装置(无菌仓),这个装置目的就是阻止空气被抽回管身,不会造成二次污染。再加上生产过程中对于无菌的严格把控,面霜中的微生物含量就能够得到严格的控制,一个无菌护肤品就诞生了。

　　因为产品无菌、成分温和,加上足够的保湿能力,不管是敏感皮肤还是皮炎患者都可以把这款产品作为最基础的保湿产品使用。

维护皮肤菌群类

SK-II 被称作油皮亲妈，无数的痘痘肌、大油皮纷纷为它献上钱包。能够得到这么多的追捧，主要是因为它的主打成分 PITERA™，这种酵母菌发酵产物滤液对于改善皮肤菌群很有帮助。敏感肌和痘痘肌同样存在皮肤菌群失衡的可能，所以维护皮肤菌群的稳定很重要。目前，市面上这类产品以添加菊粉、酵母滤液、乳酸杆菌、抗菌肽为主，但并不一定都适合敏感肌肤。

URIAGE/ 依泉 　　　　　　　　　　　　　舒缓修护霜

依泉的这个 CICA 系列可以用于医美术后保养，缓解刺痛、干燥，调理被破坏的屏障和菌群，帮助严重受损皮肤加速修护。

基础的保湿能力主要依靠液体石蜡完成，能够隔离外部刺激。另外使用了一些水性的保湿舒缓成分透明质酸和泛醇（维生素 B5）。重点是它使用了葡萄糖酸铜和葡萄糖酸锌，里面富含的铜离子和锌离子能够抑制细菌的繁殖，引导皮肤的微生态往好的状态发展。

敏感肌还容易因为环境变化而产生刺痛的感觉，这款面霜里面加入了一种二肽类物质(谷氨酰氨基乙基吲哚)，能够改善刺痛、瘙痒这类的不适感。

春季转暖，皮肤出油会增多，微生物变得活跃，皮肤菌群可能产生变化，再加上紫外线增强、空气变干燥，敏感肌更容易感受到不适，换季时候可以准备这样的产品，做好最基础的保湿，帮自己安全度过。

HR/ 赫莲娜 　　　　　　　　　悦活新生肌源修护精华露

赫莲娜是欧莱雅集团的高端线，这个系列更倾向于给轻度敏感的人作为日常护理产品使用，调节皮肤菌群，帮助维持皮肤稳定，为抗老打下基础。

从维稳方面，它使用了海茴香提取物，这也一直是绿宝瓶系列的主打成分，能够刺激细胞再生，修护受损的屏障。搭配使用了泛醇和鞘氨醇衍生物，保湿、舒缓、加速修护、改善敏感。调控微生物方面，使用的是乳酸杆菌和 α－葡聚糖寡糖，能够抑制有害菌群，调控菌群失衡，减少炎症。

不过这支精华里面使用了香料，调香非常馥郁，对于一些敏感肌可能是刺激原，所以更适合干性偏敏感或者混合性的皮肤使用。

针对敏感皮肤的产品还有很多，无外乎是从保湿、舒缓、减少刺痛和调控菌群方面入手，各家有各家的本事，如果你不知如何选择，寻找靠谱的保湿产品最有保障。 🔘

药妆 8 问

撰文 Tinco　设计 刁姗姗

护肤品在国内宣称"药妆"属于违法行为，那么"药妆"到底是什么？

1 什么是药妆？和普通护肤品有什么区别？

如果从法规的角度上来讲，全世界大部分国家都没有"药妆"的定义。我们国家《化妆品卫生监督条例》规定，"化妆品说明不得使用医疗术语，广告宣传中不得宣传医疗作用"。也就是说，所有宣称"药妆""医学护肤品""药妆品"等概念的，都是违法行为。

那"药妆"这个概念是怎么来的呢？如果从英语追根溯源的话，cosmeceuticals 是 cosmetic（化妆品）和 pharmaceutical（药品）的合称，直译过来就是"药妆"。**cosmeceuticals 指的是具有生物活性成分，且能对皮肤的外观、功能和健康发生影响的化妆品。** 对于化妆品已经可以取得这样的功效，还是得到了广泛的共识的，所以不同国家对这类化妆品有相应的监管方法。日本设置了药用化妆品类别（医药部外品）来定义，而中国则用"特殊用途护肤品"、欧盟用"活性化妆品"、韩国用"功效性护肤品"来描述这类化妆品。

那哪些护肤品属于"特殊用途护肤品"呢？在中国就是这九大类：**育发、染发、烫发、脱毛、美乳、健美、除臭、祛斑（包括美白）和防晒。** 除此之外的护肤品，都可以理解为"普通护肤品"，从 2007 年开始在中国的法规里也称为"非特殊用途化妆品"。

但说实话，没有必要太过纠结这个概念，因为哪怕是对于常见的化妆品，每个国家的法规也可能大相径庭。比如，防晒在欧洲是化妆品，在中国是特殊化妆品，在美国则划归到非处方药。

总结一下，广义的"药妆"不是一个法规概念，也没有一个明确的定义，只要是具有生物活性成分，且能对皮肤的外观、功能和健康发生影响的化妆品，其实都可以算。**对"药妆"比较通俗的理解，就是"功效性护肤品"。**

2 日本、法国都有药妆店，那在国内哪里可以买到药妆？

如果你现在已经理解，其实"药妆"就是"功效性护肤品"的另一种说法的话，这个问题就很容易回答了：宣称"药妆"的护肤品不要买，在国内肯定是违法违规产品了；但是"功效性护肤品"就是化妆品中的一些类目，例如美白、防晒产品都算，其实日常购买化妆品的专柜、旗舰店都能买到。

这里要提醒大家注意的是，在国外购买药妆或功效性护肤品时，当地人都是有咨询皮肤科医生、药剂师的习惯的。以日本的药妆店为例，它其实是既卖药又卖化妆品的地方，**所以如果你没有注意包装上的标识的话，很可**

能就会买到一个看起来像化妆品的药。

比如，狮王的 Pair 祛痘膏，被很多国内的美妆博主推荐成了"祛痘神器"。但它其实属于二类医药品，含有 3% 的皮考布洛芬，是一种治疗炎症性痤疮的药物，不是化妆品。如果你把它当成化妆品长期用，很有可能会引起不必要的麻烦。

3 药妆是药吗？
能治病吗？

药妆不是药，它不能治病，只是有一些特定功效的化妆品。当然，比如一些针对敏感肌的功效性护肤品，确实是可以在皮肤疾病状态下使用的，有辅助治疗的效果，但也绝不能替代药品。

如果你的皮肤已经出现了明显的不适，比如大面积地长痘、频繁地起红斑、持续地脱皮等，那一定要去医院咨询医生的建议，不要指望抹点哪里都能买到的护肤品就能解决。过分迷信护肤品的功效，可能只会让问题变得越来越严重，或是因为没有及时对症下药而从初期的敏感发展成了皮肤病。

4 药妆比普通护肤品更安全吗？
效果更好吗？

功效性护肤品相比普通护肤品不一定更安全，因为它功效性更强，这也意味着它有可能带来一些问题和风险。例如，烟酰胺、377（苯乙基间苯二酚）有明确的美白功效，但如果浓度过高，很多皮肤会不耐受，产生刺痛感。但它相比药品是更安全的，只要了解自己的皮肤问题和需求，也可以自行购买。

功效性护肤品的效果好不好这一点，确实要分情况讨论，而且实际上它涵盖的范围非常广，很难下一个绝对的结论。但可以明确的是，只要用对了适合的产品，它一定是有功效的；但如果没用对，那可能就会事倍功半。

5 药妆可以长期用吗？
会有依赖性吗？

有些功效性护肤品完全可以长期使用，比如防晒霜，我们建议你作为日常护肤的一个步骤，每天都使用。但比如染发类型的产品，就不宜使用频率过高。还比如你如果希望通过一些祛痘产品来解决自己的长痘问题，使用了一段时间后发现并没有作用，这个时候不建议继续盲目地再买一大堆来用，**去医院咨询医生到底是什么类型的问题，选择合适的产品，稳定、持续地使用是更好的方案。**

6 药妆肤感好吗？
听起来不是很精致……

肤感是使用化妆品时最直观能感受到的特征，比如"好吸收""不黏腻"是用一次就能体会到的，但很多真正的功效其实没有那么立竿见影。所以，**不能只用肤感来衡量一款产品的利弊。**而决定肤感的主要是这个产品的乳化体系，它是水包油还是油包水，它是液体还是膏体，选择什么方式，往往也是根据一些功效成分的特征所决定的，不能为了肤感而舍弃对稳定性的考虑。

总体而言，化妆品行业一直在努力追求，在保证功效的同时提升肤感，毕竟这是让护肤这件事情变得有"愉悦感"的关键所在。只不过，对于敏感肌来说，如果这款产品肤感非常好，感觉很清爽，要留意一下成分表里酒精（一般体现为乙醇、变性乙醇）的位置是不是很靠前，浓度是不是很高。对于干敏皮来说，是不适合长期使用高浓度的酒精产品的，因为酒精的去脂力很强，长期使用皮肤会容易越来越干，屏障也会变得更脆弱。

7 药妆的功效成分
都能渗透进皮肤吗？

大部分情况下是的，化妆品研发人员面临的最大挑战实质上就是输送系统的设计，要兼顾溶解性、体系稳定性、pH 和良好的肤感不是一件容易的事情。但也有越来越多新的制备工艺产生，比如聚合物的包囊体系，就可以完全隔离或者转运特定的生物活性成分进入皮肤。也有一些成分是不需要透皮的，比如矿油、矿脂、二甲基硅氧烷类等，在表皮就能发挥它保湿的作用。

8 药妆和医美护肤品
有关系吗？

功效性护肤品是化妆品，而医美护肤品严格意义上属于医疗器械，它们遵循的是不同的法规。比如医美面膜，一般是医疗器械备案，在包装上可以看见"械备"的字样，在安全卫生标准上，会比普通的化妆品更严格，也只能在有医疗资质的机构买到，不能随便销售。

当然，即便是妆字号的功效性护肤品，也可以有诸如美白、祛斑等特定功效。食药监局已经发布了《化妆品功效宣称评价指导原则》（征求意见稿），法规对于每一类功效性护肤品到底可以产生什么作用、如何正确使用，就都有更严格和清晰的规范指导了。

仿生脂质：模拟你的皮肤屏障

撰文 Key　设计 刁姗姗　摄影 王海森 高晨玮
摄影助理 陈子建

市面上的保湿产品众多，有不少也会主打"修护屏障""添加神经酰胺"等概念，但能做出一个有效修护皮肤屏障的配方并不容易，产品中脂质的成分、结构，以及生产过程中的细节都需要把控。看完这篇，你会对仿生脂质和皮肤屏障之间到底是什么关系有一个基本了解。

传统的保湿产品，通过在皮肤表面形成一层"油膜"来防止水分蒸发。虽然这些成分安全性很高，保湿能力非常好，**但它们的原理是通过覆盖在皮肤表面，减少皮肤水分散失和减少外界刺激来促进皮肤的自我修护，并不能直接参与到皮肤屏障的修护过程中。**

现在逐渐出现了很多主打屏障修护的保湿产品，除了提供基础的保湿之外，还提出了模拟皮脂成分和结构的想法，相当于为皮肤修护提供一些"原材料"，也避免了传统保湿产品在工艺方面的缺陷。在说这个之前，我们还是再来复习一下皮肤的物理屏障功能。

皮肤的物理屏障

皮肤的物理屏障主要由角质细胞、细胞间脂质和皮脂膜构成，主要的作用是隔绝外界刺激，减少水分蒸发。

角质细胞就好比"砖块"，它们依靠各种蛋白质彼此连接固定。皮脂膜覆盖在皮肤最表面，也叫水脂膜，它由汗液中的水分和皮脂腺分泌的产物构成，富含多种天然保湿因子（NMF）。而细胞间脂质主要由神经酰胺、胆固醇和脂肪酸构成，它充当了"灰浆"的作用，填补了角质细胞之间的空隙。

皮肤是否干燥和皮脂膜完不完整、细胞间脂质的含量都有关。

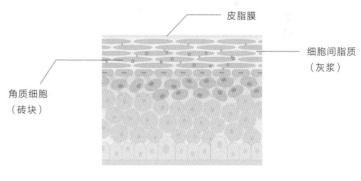

表皮结构图

皮肤物理屏障是否健全直接影响皮肤中水分蒸发的速度，屏障受损带来皮肤干燥，进而可能引起炎症反应导致 pH 的变化，影响皮肤的免疫功能，敏感情况就可能发生。**皮肤疾病的产生，往往也和皮肤屏障有密切的联系。**

仿生脂质产品的原理

传统的保湿产品，大多以蜡酯、植物油、矿油、硅油这些成分为主，主要的目的是覆盖在皮肤表面，减少水分散失。这些并不一定都是皮肤所需要的，除了少量会补充到皮脂中，大部分并不会直接参与皮肤屏障的修护，会重新被清洗掉。

对于敏感肌甚至是皮肤病人群，**修护皮肤的关键是重建皮肤的屏障功能，其中当然也包括皮肤屏障的物理结构。**补充皮肤所需要的脂质，可以从皮脂膜和细胞间脂质入手，它们成分不完全相同，但是共同作用都是帮助皮肤保湿、减少水分散发。

两种脂质的组成成分和比例

皮脂膜	细胞间脂质
角鲨烯 12%	神经酰胺 50%
蜡酯 26%	游离脂肪酸 15%
甘油三酯 57.5%	胆固醇 25%
胆固醇酯 3%	其他 10%
胆固醇 1.5%	

皮脂膜中的主要成分是甘油三酯，但是在细胞间脂质中，神经酰胺占主要比例。仿生脂质的产品模拟的就是这两种脂质层的成分。

目前国内外的产品中以德国霏丝佳的®BioMimic（一种仿皮脂膜专利）技术和国内玉泽的PBS（Phyto Bionic Sebum，一种植物仿皮脂膜）技术较为出名，它们的共同点就是使用植物油脂为皮肤提供脂肪酸（甘油三酯），然后补充胆固醇和必需的神经酰胺。

虽然知道了脂质中的成分，但是不同成分的比例是不同的，随意添加可能带来隐患。比如说选择的植物油需要具有足量的脂肪酸，并且不会对皮肤造成刺激。玉泽的产品中，红花籽油就有这样的特性，除此之外还有稳定的牛油果油提供保湿作用。**添加的神经酰胺也需要遵循一定的比例，角质层中神经酰胺有12种之多，选择哪一种、添加多少量都需要好好计算，过量也可能造成负面效果。**

仿生脂质产品的
乳化技术

所有乳霜产品（包括乳液状精华）的生产过程中，都有一道生产程序叫作乳化。乳化过程是将产品中的水和油脂混合在一起形成稳定的乳液状态。我们卸妆的时候，把卸妆油接触水，澄明的油会变成乳白色的乳液，这就是乳化。

正常情况下，水和油脂是不会互溶的，为了让它们溶解在一起，需要加入一些表面活性剂。**表面活性剂的乳化作用是无差别对待的，乳液中的油脂会被它乳化，我们皮肤上的也会。**皮脂膜和细胞间脂质都有油脂成分，并且这些脂质以一定的结构形态存在角质层中，它们也会接触到乳液中的表面活性剂，这就可能导致部分脂质的结构改变，影响我们的皮肤屏障，最终降低皮肤自身的保湿能力。所以，从配方层面，针对敏感肌的产品，选择哪种表面活性剂非常重要。

霏丝佳的®BioMimic技术不单是模拟了皮肤脂质的比例，还模拟了脂质的结构形态。最大的优势在于，它使用的工艺没有添加传统的乳化剂，而是使用高压均质化工艺将产品乳化，**这种工艺搭建出的脂质结构能够直接补充到物理屏障中。**配方中还有很多功效成分，能促进屏障的修护。

运用了仿生脂质技术的产品，也得到了很多皮肤科医生的肯定，并且用于临床对特应性皮炎的辅助治疗。原本只能依赖于皮肤自身的修护能力来重建皮肤屏障，现在则可以借助仿生脂质的作用来促进修护的过程，对敏感肌而言，无疑是莫大的福音。

重新认识
植物提取物

撰文 Tinco 陈熙　设计 刁姗姗　插画 沈依宁

纷繁复杂的植物提取物，
到底哪些有抗敏、抗炎、修
护屏障的功效呢？

用植物原料做化妆品的历史已经很久了，目前国家食品药品监督管理总局批准使用的植物原料就有 2000 多种。在中国，护肤品市场中宣称含植物的超过了 64%，欧美国家也有 30% 左右。

把生芦荟涂在脸上有可能让很多人过敏，但经过提纯的芦荟护肤品致敏率就很低，植物提取物绝不等同于天然植物本身。在介绍具体的植物提取物之前，我们有必要先来了解一些基本常识，以免被一些"植物概念"的化妆品宣传所蒙蔽。

植物提取物有很多是人工合成的

很多植物提取物最早是在植物中发现的，但目前能被广泛应用的都是在实验室合成、优化过的成分。**因为工业化生产流程能保证稳定的纯度、产量和质量，每个批次的产品都一样，不会受到农作物生长条件的限制，这才是更加安全的方法。**

比如敏感肌的护肤品中，有一种常见的抗炎成分叫"红没药醇"，它最早是从洋甘菊里提取出来的，能修护有炎症损伤的皮肤。而现在，可以用异戊烯醇和双戊烯为原料，经过酯化和缩合反应来制取 α - 红没药醇，已经被广泛地运用到了化妆品制备工业中。

而且，为了增强植物提取物的功效，或减小它的刺激性，研究人员也会对天然原料进行优化。比如通过发酵，能够让植物提取物中的大分子物质降解为小分子，更容易被皮肤吸收。**经过这样一番人为的"操纵"，这类成分虽然不再"纯天然"了，但效果更好。**

一款产品中的植物提取物在精不在多

为了突出所谓的"天然"，有些化妆品能添加 10 种甚至 20 种植物提取物，看起来非常高大上。但这种"植物鸡尾酒"式的配方，其实是有风险的。

成分越多，它们之间有可能形成的冲突也就越多，这对配方师来说是极大的考验。而对皮肤屏障不太健康的人群而言，万一过敏了，都很难确认到底是哪种成分引起的，用排除法来做斑贴试验都很困难。过多的植物提取物不仅不会带来很强的功效，反而给皮肤增加负担。

当然，把植物提取物做"精"的典范是有的。比如美国的艾维诺（Aveeno），一个主打燕麦提取物的婴儿护肤品牌。多年来艾维诺只研究燕麦，但把它做到了极致，克服了很多技术难题，在所有产品中都用到了各种燕麦提取物，发挥止痒、舒缓、保湿等功效。

针对敏感肌，我们一直强调护肤要"精简"，流程和产品成分精简都非常必要。

漂着花瓣的护肤品，敏感肌尽量避开

有一些产品为了仪式感，在化妆水或精华里放上"花瓣"，看起来很天然很美，**但其实这是一种毫无必要的添加，而且势必意味着会需要更多的防腐剂。**

花瓣本身就很容易腐败，只能靠防腐剂将保存期限延长到一两年。即便正规护肤品所添加的防腐剂种类、剂量一定都是符合标准的，但它除了有可能给你的护肤流程增添一些愉悦感以外，对皮肤本身没有任何益处。

护肤领域的植物干细胞研究

干细胞是现代生物和医学中最具吸引力的研究领域之一，2008 年瑞士米百乐生化公司研制出了 **PhytoCellTec™ Malus Domestica** 苹果干细胞，成为世界上第一家以"植物干细胞保护皮肤干细胞"为基础的化妆品活性物研发公司。虽然这些前沿的生物技术被用到日常护肤品中可能还有很长的路要走，但无疑它为皮肤再生能力的科学研究提供了新的思路。

部分具有抗炎、杀菌功效的植物提取物

有抗敏功效的护肤品，一般都会通过添加抗炎、杀菌类的成分来起到抑制刺激反应、舒缓炎症、调节菌群的作用。例如甘草酸二钾，除了抑菌外，还能抑制组胺释放，缓解痒的感觉。

———————————— 抗炎 ————————————

植物来源	洋甘菊
活性成分	α - 红没药醇

植物来源	甘草
活性成分	甘草酸二钾

植物来源	草石蚕
活性成分	水苏糖

植物来源	燕麦麸皮
活性成分	酰基邻氨基苯甲酸

植物来源	款冬叶
活性成分	蜂斗菜素（酮）

植物来源	乳香树脂胶
活性成分	β - 乳香酸

———————————— 杀菌 ————————————

植物来源	马齿苋
活性成分	马齿苋碱

植物来源	牡丹皮
活性成分	牡丹酚苷

植物来源	黄芩茎叶
活性成分	黄芩苷

植物来源	龙葵干燥绿果
活性成分	龙葵总碱

部分能修护皮肤屏障的植物提取物

这类植物提取物的原理，是通过促进与皮肤屏障保护相关蛋白的表达，来改善皮肤屏障功能。例如刺激抑制因子 IrriBate，是木薯淀粉和扭刺仙人掌茎等提取物复配的活性物，能够抑制表面活性剂、防腐剂和香精香料的刺激。

———— **修护皮肤屏障** ————

植物来源	鱼腥草
活性成分	鱼腥草素

植物来源	仙人掌
活性成分	生物碱类

植物来源	金钗石斛
活性成分	金钗石斛多糖

植物来源	银耳
活性成分	银耳多糖

植物来源	草莓籽
活性成分	草莓籽提取物

君臣佐使的组方思想

"君臣佐使"是中医方剂学界公认的组方思想，传承并应用至今。在植物原料化妆品中，也经常运用这个思想来进行科学的配伍。

君：指发挥主要功效的成分，例如美白、抗衰老、保湿等功效。

臣：辅助"君"达到效果的成分，例如能促进透皮吸收等功效。

佐：抑制"君""臣"负效应的成分，例如抗敏、抗菌、抗刺激等功效。

使：具有营养和代谢基本作用的成分。

例如，舒敏佳抗敏配方设计思路就是这个，将膜荚黄芪、防风、天麻、金盏花、合欢搭配在一起，能缓解瘙痒、红肿、刺痛的感受，达到舒缓修护的功效。

———— **舒敏佳抗敏配方** ————

君		臣		佐		使	
植物来源	膜荚黄芪	植物来源	防风、天麻	植物来源	金盏花	植物来源	合欢
功效	提高机体防御能力	功效	安抚止痒	功效	祛红消肿	功效	舒缓安神

抗敏感
从娃娃抓起

撰文 舒卓　设计 刁姗姗　图片来源 全景

"原生家庭"一词日渐升温,说明越来越多人开始思考自己为什么是现在这个样子。从心理学层面来说,幼年家庭环境会影响人的一生,其实不光是心理,身体也一样。

一个人的样子,是性情人格、思考方式、心理状态和外貌体态的综合体,其中极为影响人外在形象的皮肤,也和生命初期的养育方式有着千丝万缕的联系。

也许你的敏感状态
可以追溯到一岁前

敏感可能只是皮肤一时的高反应状态,但过敏一定是有明确过敏原而引发的皮肤变态反应,而"过敏体质"的人会更容易处在敏感状态中。

有些人一辈子只过敏过一两次,但有些人却总是频繁过敏,后者就是我们常说的"过敏体质"。然而真相是:看似全赖天生的过敏体质,不一定是与生俱来的。现在有研究表明,过敏并不都是遗传的原因,有过敏家族史的孩子之所以更容易出现过敏,很大原因是这个家庭中有一些导致过敏的生活方式。也就是说易过敏体质未必都是基因序列决定的,可能是被环境因素刺激后,相同基因出现了不同的表达,而这样的表观遗传正越来越成为过敏发生的更重要原因。就像两棵树,树冠如果自然生长,都是三角形的,如果在幼苗期把其中一棵的顶端剪掉,它后来就长成了梯形,树的基因并没有发生变化,但表现出的生长形态却发生了变化。养育者有可能在喂养中忽略了致敏过程,在没搞清楚过敏原因的情况下,无意识地引导孩子继承了家族的生活和饮食习惯,最终导致孩子持续产生过敏反应而发展成为"过敏体质"。**有些父母本身不过敏,但因为生活环境改变,家里过于干净或过早添加配方奶粉等原因,导致没有过敏遗传基因的孩子也过敏了。**

另外,现代生活中还有一些不利于躲避过敏的"不可抗力",比如在分娩前(孕期感染)、到分娩时(剖宫产、会阴切开术),妈妈通过胎盘传输给胎儿的抗生素,有可能导致婴儿体内很难形成健全的微生物环境。

抗生素为什么让我们变得更容易过敏

细菌被抗生素杀灭,B 细胞发现不了这类"敌人",免疫系统就容易进入类似休眠的状态。当过敏原出现,免疫系统被原本可能无害的"入侵者"叫醒,集中火力去对付过敏原,身体过度反应,就是过敏了。抗生素无差别对待有害菌和有益菌,肠壁细胞间隙原本可以被细菌分泌物保护,但细菌少了,保护层有了漏洞,过敏原就容易穿过肠壁进入血液。新生儿不但肠壁细胞间隙大,而且没有细菌分泌物形成的保护层,所以抗生素对新生儿的影响比成人更大。

孩子不是
成人的缩小版

不能把孩子身上的问题用成人生理构造的特点来等比看待，有时甚至可以说是截然不同。孩子不是成人的缩小版，这一点从生理到心理几乎全面适用。

为什么过于干净的环境、抗生素、配方奶甚至是辅食的添加都会增加孩子的过敏风险？这还得从新生儿的肠道特点说起。新生儿肠道是无菌的，并没有细菌分泌物的保护，而且新生儿肠壁细胞间隙本来就比成人大得多，特异蛋白很容易穿过肠壁的细胞间隙进入血液。**当新生儿经过产道顺产生出，或者在吮吸妈妈乳头时，都会从妈妈身上获得细菌，也就是第一道天然的保护。但如果是剖宫产又不吃母乳，孩子就失去了接触细菌的最佳契机。**

同时，消毒剂、抗生素都在"杀死"我们环境中和身体里的细菌，从而延长新生儿不被微生物屏障保护的时间。人体的淋巴细胞分为 T 细胞和 B 细胞，B 细胞是产生抗体的，也就是免疫球蛋白，其中有种免疫球蛋白 IgE 是被致敏原刺激产生的，我们各种过敏反应都与 IgE 相关。配方奶、辅食带来了特异蛋白，当它们穿过肠壁进入血液，被 B 细胞判定为致敏原而产生 IgE，那么过敏流程就启动了。

我们都知道新生儿免疫力相对较弱，是因为免疫系统还没能认识足够多的细菌病毒形成记忆。而且由于接触细菌病毒较少，B 细胞的精力也会侧重对付过敏原。B 细胞只有两条路可选，要么发力产生抗感染的抗体，要么去针对过敏原反应。细菌的刺激会使 B 细胞功能的天平倒向抗感染的那一侧，那么对过敏原的反应就会相对削弱，过敏便不容易发生。可是如果接触到的细菌过少或者即便接触到足够的细菌，但又被抗生素杀死了，过敏就相对容易发生。环境中的消毒剂也可能被孩子吞咽，婴幼儿的口欲期会用嘴巴感知环境，就是我们经常看到的：什么都往嘴里放。

从衣物到玩具甚至和床品及其他环境中孩子能接触到的物体。这就会让环境中的消毒剂进入肠道，影响微生物环境，与抗生素的作用类似。

除了肠道和免疫系统，新生儿的皮肤和成人也有很大不同。新生儿表皮相对面积是成人的 2.5～3 倍，经表皮失水量和吸收量都远高于成人。这时皮肤屏障没有完全形成，角质层细胞含水量高、层数少、厚度薄、结构松散、通透性高，很容易受环境因素刺激。所以湿疹在新生儿中非常高发，气候环境、食物、日光、极端温度、干燥以及各种动物皮毛、植物、化妆品、人造纤维等都有可能是刺激其诱发的因素。经常出现湿疹的宝宝，在一岁内也会高发食物过敏的情况，两岁后又可能逐渐发展为过敏性鼻炎甚至哮喘。

好消息是
很多过敏症状可以预防

通过养育方式能够一定程度上塑造体质，帮助减少过敏症状的发生，我们列举一些最常见的要点，其中大多是人人力所能及的：

- 尽量避免过早添加配方奶
- 规范使用抗生素
- 适度清洁，慎用消毒剂
- 科学添加辅食
- 先吃我们祖辈熟悉的食物
- 保持室内温度湿度
- 控制洗澡水温和时长
- 乳液日常使用，干燥时用乳霜
- 选择柔软亲肤的衣物床品

这里有很多"如果可以重来，希望妈妈能懂的事"，若你深受其苦，起码你的下一代有机会幸免。⑪

过敏进程

伴随着儿童年龄的增长，过敏性疾患的表现会发生阶段性变化，各系统持续地出现不同过敏症状的现象，被称为过敏进程（Allergy March）。食物过敏通常是这一进程的启动阶段，研究表明，早期致敏，尤其是吸入性过敏原的致敏，可预测过敏性气道疾病，儿童早期隐蔽的致敏过程和过敏症状往往导致成年后过敏性疾病的风险增加。

被曲解的"卫生假说"

"卫生假说"（hygiene hypothesis）大意是现代疾病之所以发生是因为环境太干净，导致孩子在年幼时期没有充分接触病菌，免疫系统"缺乏训练"，日后就容易反应过度。类似"不干不净，吃了没病"。很多养育者走向另一个极端：故意让孩子接触些脏东西，甚至丢进泥坑玩耍，以为这样孩子就能获得强大的免疫力也不容易过敏。但其实泥土里的菌群和我们身体需要的菌群差异很大，反而增加了致病菌引发疾病的机会，这是对"卫生假说"的一种曲解。

敏感和皮肤病，有时很难区分

撰文 Key　设计 刁姗姗

敏感虽然不是病，但常常会伴随皮肤病发生，敏感的表现有时也和一些皮肤病的症状非常接近。比如特应性皮炎、湿疹、脂溢性皮炎发生时，经常伴随着红、痒、刺痛等情况。所以当你感到不适时，最好及时寻求医生的帮助。

敏感性皮肤最常见的感受就是皮肤干燥，也感觉紧绷、瘙痒、疼痛，可能还会有起皮和红血丝。很多时候，我们不以为意，觉得只是敏感，使用保湿产品即可，但可能已经患上了皮肤病。

敏感肌可能更容易得皮肤病

敏感肌因为皮肤屏障受损会导致皮肤更容易失水、干燥，再加上清洁产品不断地破坏皮肤的皮脂膜，皮肤表面的 pH 可能因此产生变化，就会导致皮肤表面常驻菌群的种类和数量降低。

我们皮肤的深层也同样存在菌群，它们和皮肤外层菌群是不同的，角质层受损（敏感状态）之后的修复过程中，皮肤表层的菌群会在短时间内被深层的菌群所替代。如果在这时有了过多致病菌的参与，病菌有可能向更深层无菌组织扩散，皮肤容易从敏感状态转化为疾病状态。比如，痤疮主要是因为痤疮丙酸杆菌引起，脂溢性皮炎与马拉色菌过度繁殖有关，特异性皮炎可能伴随着金色葡萄球菌感染。

干燥、瘙痒可能是特应性皮炎和湿疹

瘙痒、干燥是特应性皮炎和湿疹的临床表现之一，这种瘙痒往往比较剧烈，甚至会出现严重脱屑的情况。尤其是特应性皮炎，自身合成神经酰胺的能力比较弱，细胞间脂质成分不足，水分流失会更严重，所以在临床上也经常会使用护肤品辅助保湿。

干痒只是特应性皮炎的表现之一，它往往还伴随着更加严重的皮损、渗液等问题，确切的诊断需要依靠专业的医学知识。根据《中国特应性皮炎诊疗指南（2014 版）》，临床诊断需要参考 5 项标准：

主要标准：皮肤瘙痒。

次要标准：① 屈侧皮炎湿疹史，包括肘窝、腘窝、踝前、颈部

（10 岁以下儿童包括颊部皮疹）；② 哮喘或过敏性鼻炎史（或在 4 岁以下儿童的一级亲属中有特应性疾病史）；③ 近年来全身皮肤干燥史；④ 有屈侧湿疹（4 岁以下儿童面颊部 / 前额和四肢伸侧湿疹）；⑤ 2 岁前发病（适用于 4 岁以上患者）。

确定诊断：主要标准 + 3 条或 3 条以上次要标准。

特应性皮炎是儿科皮肤病当中比较常见的疾病，和儿童皮肤屏障不健全也有关系。儿童的皮肤，角质层大概只有 15 层（成人 25 层），并且表皮层和真皮层发育得不完全，油脂分泌少，屏障功能不健全。虽然看起来平滑、细嫩，但更容易受到损伤。对于儿童皮肤的护理，应该适当清洁，合理使用清洁产品，重视保湿产品的使用。避免皮肤过于干燥，也能避免一定的皮肤疾病。

脱屑可能是
脂溢性皮炎

脂溢性皮炎在出油多的皮肤上比较常见，它是一种马拉色菌（真菌）过度繁殖导致的炎症，有一些表现也和敏感很像。比如脂溢性皮炎会有大量的鳞屑，看起来就像是皮肤脱皮一样。脂溢性皮炎的患者往往还会感觉皮肤瘙痒，有轻度的泛红，很多人却只会觉得自己是干燥。

在治疗方面，很多含植物油的敏感肌护肤品其实并不适合脂溢性皮炎的患者，因为植物油中的某些脂肪酸反而会促进马拉色菌的繁殖，加重病症。**脂溢性皮炎和痤疮看起来有些像，普通人不容易分辨，**并且脂溢性皮炎的治疗需要长久的坚持，建议还是先去找医生确诊，听从医生的建议。

刺痛、灼热可能是
接触性皮炎

敏感肌使用产品时经常会出现刺痛、灼热感，使用过产品的区域还会有泛红出现。敏感肌因为屏障受损，一些防腐剂、酒精、功效成分可能会更容易刺激到疼痛有关的受体。很多情况下，几

分钟、几小时后这些刺激感就消退了。

但在严重情况下，会持续数天，甚至会愈演愈烈，这就有可能是接触性皮炎了。接触性皮炎分为两种，一种是刺激性的，因为使用化妆品导致皮肤出现刺痛、泛红的情况，化妆品就是刺激物。这种情况下应该对皮肤进行保护，使用凡士林这种基础的保湿产品，尽量减少对刺激物的接触。

还有一种是变应性接触性皮炎，是某个人针对某种成分发生的过敏反应，这是真正的"对化妆品过敏"。与上面情况不同，它不会立刻有刺激的感觉出现，第一次接触时不会发病，而是经过 1~2 周之后，接触同样的致敏物才会发病，而且会有反复发作的情况。判断标准是有特定的过敏原，远离过敏原之后就不会再出现过敏反应。这需要进行斑贴试验来帮助诊断，必要的时候使用激素类药物给予治疗。

剧烈的、长时间的不适，应该主动寻求医生的帮助，接触性皮炎还可能带来皮肤损伤、色素沉淀，不要置之不理。

红血丝可能是
玫瑰痤疮

敏感皮肤往往存在皮肤炎症，炎症导致毛细血管扩张，就会看到一根一根的红血丝。玫瑰痤疮的主要表现也是面部泛红，也被叫作酒糟鼻（酒渣鼻），主要发生在包括鼻子在内的面正中区域。

泛红、红血丝只是玫瑰痤疮的病症之一，皮肤可能还会感觉干燥、灼热、刺痛，和敏感表现非常接近。严重的玫瑰痤疮还会有丘疹、脓包出现，而且可能导致鼻子外形的改变，它和脂溢性皮炎、痤疮还有一定的相像之处。

敏感的表现大多是感受层面，但是皮肤疾病的诊断还需要依靠很多检测数据，像是脂溢性皮炎需要检测皮肤表面的菌群，玫瑰痤疮还可能涉及蠕形螨的检测，这些都需要专业的仪器。**如果已经发生持续的敏感状态，一定要寻求医生的帮助，参考医生的建议。** ⑤

养成

01 · 消除皱纹，平滑肌肤

无论是抗衰老，还是保湿类的护肤品，能淡化的只是比较浅的小皱纹、小干纹。具有角质剥脱功能的护肤品，也只能通过清除老废角质，让皱纹暂时看起来不明显。粗深的鱼尾纹、法令纹只能一定程度上通过医美消除。

02 · 彩妆可以养肤

以"养肤"为卖点的彩妆产品，一般会更加滋润一些，但靠它改善皮肤是不可能的。毕竟为了安全着想，像粉底液这类含有色素的产品，是不能渗透到皮肤里的。要想皮肤变好，还是要科学地用护肤品。

03 · 低致敏性、不致痤疮、不致粉刺

市场上对这类宣传语并没有默认标准，一般仅仅是通过了志愿者粉刺测试。

因为每个人的肤质和过敏原不同，所以使用了宣称低致敏性、不致痤疮、不致粉刺的产品，还是有一部分人会过敏、长痘、长粉刺。敏感肌在选购产品时不要完全相信这类广告，还是要通过试用确认它适不适合自己。

04 · 天然成分更安全，不会刺激肌肤

"天然"听起来无害，但像植物提取物，其实成分很复杂，很可能会刺激敏感肌肤。而和"天然成分"相对的"人工合成成分"，不仅纯度高，还有长期实验证明其是安全的，所以完全可以安心使用。"纯天然"经常只是噱头。

05 · 皮肤缺水导致出油

皮肤的水分调节和油脂调节是两个独立的机制。出油多受基因、激素、饮食等因素影响，疯狂补水并不能控油。要改善出油情况，应当在适度清洁后，使用控油类产品，而不是疯狂敷面膜，或过度使用高保湿产品。

06 · 护肤品吸收得快，护肤效果就很好

有时你以为护肤品被吸收了，但它其实是干了、挥发了，这种感受是可以被配方师操纵的，并不能代表护肤品效果好。

保湿类的护肤品不被吸收也能发挥作用；而护肤品渗透到皮肤的过程，其实是在和角质层做抗争，对于敏感肌来说也不一定是件好事。

07 · 药妆品对皮肤更安全

不一定。目前在我国，是禁止以"药妆"对护肤品进行宣传的。因为市场上鱼龙混杂，有太多打着药妆旗号宣传，实际并不安全的产品，所以我国目前管控得比较严格。

不过在一些国家，药妆指的就是医学护肤品、功效性护肤品，能对皮肤带来很大改善。因此还是要具体产品具体分析。

08 · 收缩毛孔

很遗憾的是，市面上能真正收缩毛孔的护肤品太少了，只有两类：含有视黄醇的护肤品可以改善皮肤衰老造成的毛孔粗大；控油类产品能通过减少出油，避免油脂撑大毛孔，让皮肤看起来细嫩一点。如果想快速见到明显效果，不如寻求医美的帮助。

09 · XX 品牌孕妇专用

孕妇在护肤时只要避开水杨酸类、视黄醇、二苯酮－3 及自己过敏的成分，并选择正规厂家的产品就可以。"孕妇专用"的护肤品只是噱头。

10 · 皮肤需要深层清洁

我们的皮肤不需要深层清洁，日常用洁面乳清洗就足够了。用洁面仪洗脸，在卸妆后再使用洗面奶，或用化妆水二次清洁，听起来能洗得干干净净，但已经过度清洁了，可能分分钟让你变成敏感肌。

个护肤品营销谎言

撰文 陈熙　设计 沈依宁

借你一双慧眼，
看清护肤品广告语中的套路。

11 · 护肤品分性别、年龄

除了美国有少部分添加了雌激素的产品，大部分护肤品是没有年龄、性别之分的。只是一般"男性护肤品"侧重控油，渗透性更强；"熟龄肌护肤品"侧重抗衰老，但并非是特定人群适用。大家应该根据实际的需求挑选。

12 · 我们的研究表明……

护肤品宣传中公布的研究效果，有的来自于第三方机构，有的则来自于品牌自身，并不全都是中立、客观的。如果你很在意它的效果，不如搜索其中重要成分的公开研究报告或者专利。

13 · 洗面奶可以美白、保湿、祛痘……

洗面奶的头号功效是清洁，美白、保湿、祛痘成分能停留在脸上的很少，自然也没什么额外效果。

14 · 护肤品用了之后烂脸，是皮肤正在排毒

除了水杨酸、果酸、视黄醇类成分在修护皮肤的过程中有促进痘痘排出的可能，使用其他产品爆痘都是皮肤受到刺激的表现，一定要马上停用。

15 · 护肤品越贵越好

护肤品的效果只和它所使用的配方、技术有关。尽管有些成分或研发技术的成本较高，导致产品很贵，但也有一些"贵妇级"的护肤品并不比平价的效果出色，因为它们花了更多的成本在包材、调香以及营销上。

16 · 保湿类的护肤品用了之后脸部刺痛，是干燥的皮肤在吸收水分

脸部刺痛虽然有可能是皮肤干燥、屏障受损导致的，但也可能是被某些成分（酒精、高浓度防腐剂、刺激性精油、活性成分等）刺激到了。如果是后者，继续使用该护肤品的话，会加重敏感的症状，停用才是正确做法。

另外，即使是屏障受损而刺痛，单纯使用保湿产品也不够。具体该如何护理，可参考本书的"自救"部分。

17 · 美白产品可以迅速改善肤色、淡化色斑

皮肤的代谢周期是 28 天，因此大多数美白产品要等老细胞代谢掉才会起效，时间一般是 1 个月到 3 个月。

声称能在几天内快速美白的产品，不是含有激素、重金属，就是含有二氧化钛等修饰肤色的成分。前者会损害皮肤甚至身体健康，后者就像粉底，只能让你看上去变白。

18 · 活性成分浓度越高效果越好

一般而言，具有抗老、美白等功效的活性成分浓度越高就越刺激。敏感肌千万不可贪图功效就给自己上猛药，还是从低浓度一点点建立耐受更安全。

19 · 矿油、矿脂不安全

虽然矿油、矿脂都是从石油里提炼出来的，但经过重重加工后，符合化妆品使用纯度的成分其实很安全，是可以在婴儿护肤品中使用的。

不过这两种成分封闭性比较强，适合干皮、敏感皮保湿用，油皮用了可能会闷痘。

20 · 直达肌底，深层保湿

我们的表皮只有"基底层"，并没有"肌底"这个位置。那么"直达肌底"自然也称不上是护肤品的效果了。

深层保湿也是一个伪概念。皮肤干燥是最表面的角质层受损，且皮脂分泌不足，难以锁住水分所导致的，和皮肤深层没有关系。而且很多面霜、乳液都是通过"补水＋封闭"来实现保湿效果，除非是采用了特殊工艺，或添加了小分子玻尿酸，否则其中的成分无法穿透角质层，也做不到"深层保湿"。

护肤品商家为了说服消费者，创造了一个看似专业的概念，还是要擦亮眼睛为好。❶

汝之蜜糖，彼之砒霜。别人觉得好用的东西，未必适合你。而如果不注意保质期管理，不掌握正确的化妆品使用方法，更会增加敏感的概率。

化妆品
安全使用小知识

撰文 陈熙　设计 / 插画 NA

这款化妆品会令我过敏吗？

有的人可能会在买化妆品时，先在手上试用 10 分钟看是否过敏。但这种方法只能测试出一些急性反应，对用化妆品更常见的、发作于 24 小时后的接触性皮炎难以判断。

更准确的测试方法是：将化妆品涂于一小块脸颊或耳后，24～48 小时后，观察皮肤是否有瘙痒、发红，甚至起红疹等不良反应。如果没有异常，那你就可以安心地使用这款化妆品啦。

为了更好地确认是哪款化妆品令你过敏，在更换化妆品时，也记得要一样一样来。

如果你对大部分化妆品都过敏，可以去医院进行斑贴试验：把试验成分加入斑试器后，贴在后背或胳膊上两天，其间不能洗澡，不能做剧烈运动。然后观察皮肤在第三、第四天出现的反应。

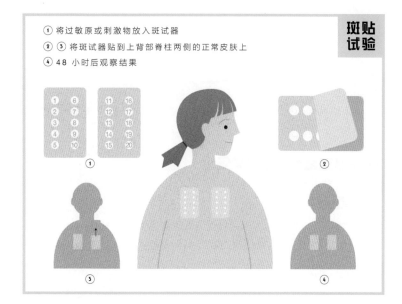

① 将过敏原或刺激物放入斑试器
②⑤ 将斑试器贴到上背部脊柱两侧的正常皮肤上
④ 48 小时后观察结果

斑贴试验

化妆品变质了吗？

变质的护肤品简直就是细菌们的天堂，长期使用轻则导致皮炎、唇炎、眼部感染，重则会使皮肤病变致癌。所以坚持把过期的化妆品用完，可不是节俭的好行为。

1. 学会看化妆品保质期

化妆品有保质期和开瓶保质期两个限制。

保质期指的是在不开封状态下，护肤品所能保存的最大期限。而开瓶后接触空气会加快护肤品的变质速度，所以商家还会在包装上以开罐的小标志加"n M"的形式写上开封后的可使用月数。比如"6M"就代表了 6 个月。

这两个保质期以先到的为准。比如一个保质期两年、开罐保质期 6 个月的眼霜，如果买来就立刻使用，那么要在半年内用完；如果你把它放了两年，即使没开封，那也不要再使用了。

为了避免浪费，大家一定不要囤化妆品。口红适量购买，其他的护肤品快用完再补货也来得及。

2. 这样的护肤品已变质

如果化妆品以下几个性状出现改变,极有可能说明它已经变质了:

• 颜色

当你发现原本白色的护肤品变成了黄色、褐色,说明它被氧化了。对于有美白或抗老功效的产品来说,这是它逐渐失效的表现。如果产品还没到保质期,只是微微发黄,那么被氧化得还不算严重,尽快用完即可;如果已经变成很深的颜色,就很难为你的肌肤贡献力量了,还是尽快扔掉吧。

另外,当化妆品上出现了黑灰色的小斑点,就已经严重发霉变质了。别想把那块挖下去继续用,请毫不犹豫地把它扔进垃圾桶。

• 气味

为了令敏感肌使用得更安全,现在有越来越多的产品不再额外加入香精。也许刚打开你就发现它们不够香,甚至不太好闻,那也是安全的,要警惕的是气味的改变。如果它开始散发出酸臭味或油耗味,我想不用我说,你也不会再继续用它了。

• 质地

除了本身就是水油分离质地的防晒霜和卸妆水,你的乳液或面霜也可能会因为放得久而分了层。要是离保质期还远,且存放地点正常,那么摇匀后还可以继续使用。要是它变稠、变稀了,或水状产品出现了沉淀,就不要再用了。

至于睫毛膏、指甲油等化妆品,如果变干、结块,也要换新。不要倒水稀释,因为我们倒进去的水中也有细菌。

化妆品这么用,有效又安全

1. 用量要足

千万别因为买了比较贵的护肤品就不舍得用。用量不足,护肤品没有效果,那才是白买了。最基本的原则是把护肤品涂抹均匀。如果把握不好用量,可以参考下图。

当然,也别追求效果立现而往脸上糊好几层护肤品。皮肤吸收不了,还会加重它的负担,过犹不及呀。

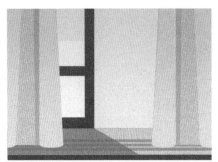

2. 保存得当

化妆品要放在阴凉、干燥的室内，温度保持在 25℃ 左右比较适宜。

有的人觉得把护肤品放在冰箱里可以像食物一样抑制细菌滋生，但过低的温度会影响护肤品中水、油的性状，结果就是膏霜类产品变得很硬、难以延展，甚至出现小颗粒，或水油分离。

同样不适合放置化妆品的，还有到了夏季温度极高的汽车内，高温、潮湿的浴室，能晒到太阳、易使成分见光分解或氧化的窗台。

3. 警惕二次污染

在使用护肤品时，要注意二次污染问题。

像敞口瓶的罐装产品，比如面霜，最好用小勺挖取。如果用手，记得先洗干净。

另外，分装会使产品接触到空气，如果瓶罐不消毒也容易滋生细菌。所以大家不要买小店分装的产品，想体验可以去专柜尝试或索要小样。如果为了旅行而分装，回来要尽快用完，不要留着一部分下次继续使用。

4. 记得清洁工具

很多人都会忽视粉扑、化妆刷的清洁，其实它们也是很脏的，不定期清洁也会增加皮肤敏感的几率。

• 粉扑

粉扑是消耗品，可以两三天到一周清洗一次，一段时间后直接扔掉换新的。

清洗时，先将它浸湿，然后挤上专用清洗剂、洗面奶或卸妆乳，先揉搓表面，然后反复按压它，使其内部也能被洗净，最后用清水冲洗到挤它也不会产生泡沫就可以了。

晾干时，先用纸巾吸干多余水分，然后放在通风处阴干。不要拿到阳光下暴晒，这会使海绵发黄、变硬的。

• 化妆刷

动物毛化妆刷不耐洗，半个月到一个月清洗一次即可；人造刷毛没那么金贵，两三天洗一次都没问题。

首先用温水顺着打湿刷毛，注意别让手柄和刷毛连接处沾水，这会使其开胶，缩短使用寿命。然后蘸取清洁剂（动物毛刷一定要用专用的化妆刷清洗剂），在手上轻柔地来回扫动刷毛。待污渍溶解后，再用清水冲刷干净。

和粉扑一样，化妆刷也要先用纸巾吸干多余水分，然后以刷毛朝下的方向晾干。如果刷毛朝上，化妆刷可是会"炸毛"的。🖐

同一支化妆刷上眼影容易混色，可以准备一块海绵，每上完一个颜色在海绵上来回刷几下就干净了，这是最便捷的清洁方法。

吃得好，
才能皮肤好

编辑 舒卓　设计 沈依宁　摄影 王海森　摄影助理 陈子建
场地 SenSpace

护肤这条路上，除了涂涂抹抹，还有不少可以吃进肚子里的"护肤品"。敏感肌人群也可以从"吃"入手帮助自己。吃饭是最日常的事，却是门极为复杂的学问。我们采访了协和医院营养科主任于康教授，让他为敏感肌人群出诊，谈谈原则也聊聊误区。

不要回避根源问题

对于"敏感肌"一词，于康教授表示理解，这种说法之所以会出现，正是说明了相关问题的复杂性，"敏感"是很多内在问题反映出的症状。从症状下手，或许可以暂时改善皮肤的样子，但没有改变内因。解决根源问题常常需要相对长的时间，无法做到"短平快"，所以很多人即便明白，也不愿意面对，更喜欢把精力放在短期效果上。短期效果的叠加不等于长期效果，有时反而掩盖了一些身体的真实状况，到了一个临界点，表面的"难堪"会加倍反扑。

所谓根源问题就是健康。对于皮肤，身体的健康状态和皮肤屏障的健康同样重要，前者还会影响后者。皮肤是人体最大的一个器官，它的健康程度反映的是整个身体的情况，讲皮肤不应该脱离整个身体，想要从根本上改善皮肤，一定要面对自己身体的问题。

"吃"比"涂"更重要

那些看起来对皮肤很有益的微量元素，通过护肤品涂抹在皮肤上能够起到的作用是有限的，这不光和外涂产品本身的局限性有关，还和外部环境等各种复杂因素相关。有时人们会用"某某产品不适合谁"来掩盖那些通过表面手段解决不了的事情。但吃进去的微量元素一定能够作用于机体，这是确定的。

比如维生素 C 就很典型。它参加体内的氧化还原反应，可以保持巯基酶的活性和谷胱甘肽的还原状态，起到解毒的作用；参与体内多种羟化反应，可以促进胶原蛋白的合成及胆固醇代谢；刺激免疫系统，对抗感染，抑制病毒增生，阻止致癌物质的生成，提高皮肤的免疫能力；还有利于维持细胞膜的完整性，有减弱过敏反应的作用……而且它还能保护另一种重要的抗氧化剂——维生素 E，维 E 像是轰炸机，维 C 像是战斗机，在抗氧化的战斗中，有了战斗机的保护，轰炸机才能大面积发挥战斗力。它好处很多却不稳定，易受高温、氧气、光、金属离子和碱性物质破坏，即便化妆品公司极尽所能研发技术保护它，在保存和涂抹等过程中也难以避免地会损失效力，再考虑上渗透能力，最终效力常常没有想象中那么大。

如何摄入有讲究

抛开剂量谈作用是不负责任的，接着拿维生素 C 举例，如果长期大量补充，会改变身体的调节机制，加速分解和排泄维 C，一旦中断可招致停药反应，出现早期坏血病症状，皮肤色素细胞也可能发生代谢紊乱。不光是维 C，任何营养素摄入过量都是有风险的。不要依靠所谓的保健品去补充营养剂，有病找医生，遵循医嘱服用膳食补充剂，日常营养靠合理膳食。还有人认为某些果汁、饮料也可以帮助美肤，柠檬汁、橙汁挺好喝，但很难起到想象中的作用，反而会带来更多糖分。糖分过量摄入，容易引起脂代谢能力下降，导致表皮过度角化、皮脂分泌增多，这就有可能引起"爆痘"了。直接吃水果能最大程度保证维 C 不被破坏，酸枣、山楂、西红柿、橙、橘等都是很好的维 C 来源，但要新鲜，否则含量会打折扣。

维生素 E 对皮肤的作用也非常重要，缺乏维 E 会直接导致皮肤干燥，降低皮肤的防御能力。维生素 E 主要靠植物油和坚果补充，油吃多吃少都不行，每天 30 毫升是一个标准推荐量。在烹饪中要快速炒，避免油炸，能更好地保护植物油中的有益物质，同时油炸食品会给我们带来氧自由基，对皮肤产生损害。如果吃坚果，每天也不要超过一小把，一小把差不多就是两个核桃的量。油脂中不但有我们皮肤需要的维生素 E，还有必需脂肪酸，主要是两种：ω-3 系列的 α- 亚麻酸和 ω-6 系列的亚油酸。必需脂肪酸之所以必需，是因为人体需要它来维持生命活动，但自身不能合成，只能由食物供给。必需脂肪酸帮助细胞膜保持稳定，帮助细胞保持水分；还会在皮肤表面形成天然的油脂屏障，有效维持肌肤的水油平衡；还能降低光敏性皮炎患者对日光的敏感度，以及减低皮肤炎症反应。

β-胡萝卜素也能有效预防花粉症、过敏性皮炎等问题，对减少皮肤的过敏反应很有益处。β-胡萝卜素被我们吃进去会在身体里转化成维生素A也就是视黄醇。既然最终能被人体利用的是维A，那为什么不直接多多食用富含维生素A的食物就好了？维A在动物内脏中含量很高，但是经常食用动物内脏有可能带来胆固醇过高等其他问题，植物来源相对更加健康。橙黄色食物中β-胡萝卜素含量较高，而西蓝花中β-胡萝卜素含量比胡萝卜还要高，只不过颜色被叶绿素掩盖了。

好皮肤需要"养"

有益于皮肤的营养素不能少，但更重要的是整个身体的运转都在一个良好的状态，才能让这些好东西真正发挥作用。我们肠道内的微生物环境和整个机体的运转有很高相关性。有一个实验，一飞机的人经过夜航落地加拿大，从他们的排泄物中抽样检测，发现这其中的菌群和容易引起糖尿病等慢性疾病的菌群高度吻合，而休息调整几天之后，菌群又能基本恢复原本的状态。但如果没有足够的休息时间去调整，就可能导致这种紊乱难以恢复，我们的身体就会向不好的方向去发展了，在皮肤上也能显现出暗沉、脆弱。

现在化妆品的修饰能力越来越好，爱美之心可以理解，但是如果我们没有好的生活习惯，熬了夜之后让化妆品把我们变美，就容易让人忽视身体的实际问题。这些看似高效的手段，往往拖延了我们下决心好好对待自己身体的时间。每天吃好三顿饭不容易，保持好的作息习惯也不容易，健康的皮肤需要"养"，这里除了指营养，更是把握自己行为尺度的修养。

于康

· 北京协和医院健康医学系主任，临床营养科主任，主任医师，教授，博导；
· 国家卫生健康委营养标准委员会委员；
· 中国营养学会常务理事兼肿瘤营养管理分会主委；
· 中华医学会肠外肠内营养学分会营养筛查协作组常务副组长；
· 中国老年医学会科技成果转化委员会首席专家兼营养分会副会长；
· 中国科协临床营养学首席科学传播专家；
· 北京医学会临床营养分会主委；
· 《中华临床营养杂志》和《中华健康管理学杂志》副总编；
· 擅长各类慢性疾病的营养防治。

小贴士

① 所谓的"发物"并不存在，真正应该注意的是少吃油炸和烧烤食品，低盐少糖。
② 胶原蛋白不管吃进去还是拍脸上都起不到想象中的作用。
③ 银耳中类似胶质的东西并不是胶原蛋白，胶原蛋白是动物蛋白。
④ 要想让维生素E更好地发挥作用同时也要注意补充维生素C。
⑤ 要避免为了补充维生素A而过多食用动物内脏。
⑥ 燕窝鱼翅没有特别的营养价值值得被追捧。
⑦ 果汁不管是不是鲜榨的，都不能称为"健康饮品"，建议直接食用新鲜水果。
⑧ "保健品"很难起到想象中的作用，正常人群应该把精力放在日常膳食上。

编辑手记

协和营养科的办公室在已经被归为文物的"协和老楼"里，要在采光条件不良的走廊里走很久，才能找到这间满满塞进近十张办公桌的办公室。每张桌子上都是厚厚的材料、书籍，弱弱的光线透过复古的墨绿色窗框照在角落里的康叔身上。康叔抬头说的第一句话是"我这儿有点乱啊"。和办公环境形成强烈反差的是他从头到脚的精致，两侧简单利落、额前略有造型的发型，时髦的金色飞行员眼镜镜框、和西裤颜色和谐搭配的皮鞋，可以看出他白大褂之下不俗的生活品位。门诊、科研、国内外医学期刊审校、行政工作、参与编写国家营养指导标准、维护各种渠道的科普……这些汇聚在他身上的结果是忙碌且神采奕奕。

康叔被同事们称为"二黑爱好者"爱喝黑咖啡、爱听黑胶唱片。他的午餐基本保持"一杯黑咖啡配一盒草"的习惯，精神上的黑咖啡是黑胶唱片里流淌出的古典旋律。他说自己平时尽量保持七分饱，有时候多吃点顶多八分，常常被同事们看到的那盒草里，其实蛋白质、淀粉都有搭配到，还是很均衡的。他在采访中，但凡提及患者，总像在说自己家的亲戚或老人，语气中有温度有关切。最后，他说他反对补品，也不提倡养生这种概念，重要的是正视自己的身体，养成好的习惯。三个月足够改变一个人的口味，但三个月的坚持对现代人来说是很不容易的，"吃"是一场修炼，要有决心和毅力。

高糖食品可能会让你长痘、皮肤暗沉，当然，还可能会长胖。

关于健康生活的 30 个小纸条

撰文 Tinco　设计 沈依宁

饮食均衡、作息规律、运动适度、心情平和，哪怕不用护肤品，都能养出好皮肤。

暴饮暴食是疾病之源，每餐 7 ~ 8 分饱，少食多餐是更健康的做法。细嚼慢咽更容易让你产生饱腹感，帮助你控制食量，促进消化。

每个人一生平均要吃掉 70 吨食物

文身色素是有可能转移到淋巴结或身体其他器官的，并且有过敏、皮肤感染的风险。即便是暂时性的指甲花文身贴，里面含有对苯二胺，也有可能让人过敏。

压力也是让皮肤屏障功能减弱的一大原因，它会影响自律神经失调，带来内分泌紊乱、失眠和便秘等问题。

吸烟、过量饮酒、熬夜都会让皮肤粗糙，黯淡无光。

多吃富含 omega-3、omega-6 等不饱和脂肪酸的食物，例如亚麻籽油、深海鱼、坚果等，能改善皮肤粗糙、预防脱发。

健康的人每天也会掉 50 ~ 100 根头发

洗澡水温不宜过高，时间也不宜过长，淋浴 10 ~ 15 分钟即可，泡澡不要超过 5 分钟。过高的水温会更容易让皮肤干燥。

每天喝 1 ~ 2 升水，但吃饭时不要喝水。

人体 60% ~ 80% 是水分

尽量不要在洗澡的时候洗脸，洗澡的水温对于脸部皮肤而言是过高的，用略低于体温的水温洗脸，能够加速血液循环，对保护皮脂层更有利。

女性的皮脂量在 20 ~ 30 岁之间达到巅峰，随后会不断减少

运动时要像"盖章"一样擦汗，用毛巾把汗水吸干，避免大力揉搓。

私处用清水冲洗外部就好，不需要额外使用洗液，更不能经常用带有杀菌成分的洗液。

放松是人体的一大秘密，皮肤在松弛的状态下才能修护那些由于肌肉紧张而遭到破坏的细胞组织。

护发素或发膜，在头发半干、较干时使用效果更好。使用时尽量避免触碰到头皮。

对手部皮肤伤害最大的还是各类洗涤剂，所以做家务时尽量戴手套。大部分时候可以用清水洗手并及时擦干，有必要时再用洗手液洗手就可以。

讲卫生，每天都换洗内衣内裤。

磨砂类深度清洁产品可以主要针对手肘、膝盖等角质层较厚的部位，一周不要超过一次。而面部、身体的其他部位都不需要频繁去角质。

如果你买护肤品的预算有限，就把大头放在保湿和防晒上。在皮肤稳定、屏障健康的前提下，再考虑美白、抗衰老等精华类产品。

每老 10 岁，黑色素细胞数量会减少约 10%，也就是说年龄越大越容易受到日光伤害

在环境干燥的地区，或者秋冬暖气房内，尽量使用加湿器，让室内湿度保持在 50% 以上。

避免穿过度紧身的衣物，尤其是内衣，炎热季节也可能引起痱子或荨麻疹。

恋爱会让大脑向身体"下达指令"，分泌更多激素，主要有雌激素、后叶催产素、多巴胺和苯乙胺，让皮肤状态变好。

积极的心态会让你的身体和皮肤更加年轻。悲观、焦虑、惶恐、易怒、烦躁等负面情绪都会加速衰老。

洗完澡、洗完脸之后，先护肤，再穿衣服和吹头发。

洗完头要用吹风机吹干，避免用过高的温度、离头皮太近，千万不要在头发没干的时候就睡觉。

就全身来看，腋下、前胸、后背是皮脂腺较多的部位，而前臂、小腿是皮脂腺较少的部位，所以前臂、小腿可以减少沐浴露的用量或使用次数，多注意涂抹身体乳。

夏天如果使用补水喷雾的话，用完要尽快涂上乳液或者面霜，不然只会让皮肤更加干燥。

化妆工具要定期清洁，包括粉扑、化妆刷，它们是细菌的温床。

衣服也有可能让皮肤敏感，比如马海毛、羊毛、粗花呢等材质，可能会刺激皮肤。

如果洗衣机有高温煮洗功能，或者使用烘干机的情况下，内衣袜子可以一起洗；不然的话，尽量不要把内衣和袜子一起洗，尤其是有足癣的情况下，避免交叉感染。

每 3 个人中，就有一个可能有足癣

旅行时，尽量带平时使用的护肤品分装，避免全部换成从未使用过的新护肤品，加上气候环境变化，容易引发皮肤敏感。

运动可以促进生长激素的分泌，加速新陈代谢，所以每天保持一定量的运动也是"抗衰老"的好方法。

适宜的温湿度
对皮肤很重要

6:30

墨镜、帽子全戴好
包里必备防晒霜

9:00

碎片时间也能锻炼身体
用走楼梯替代坐电梯
走路也习惯收腹

14:00

8:00

早餐要吃蛋白质

10:00

每天喝水至少 1.5 升
开会也要带水杯

理想的一天

撰文 Tinco　插画 沈依宁

良好的生活习惯不需要你"痛苦坚持"，
而是能"轻松保持"。

少吃精米白面
用谷薯、粗粮替代
19:00

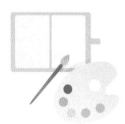

先洗澡，再洗脸
先护肤，再吹头
21:30

16:00

肚子饿了可以吃水果、原味酸奶
拒绝膨化食品、奶茶

20:30

均衡锻炼
养成健身习惯

22:30

远离屏幕
放松身心

我们邀请了 4 位典型敏感肌读者讲述她们的敏感经历，
分享常用、爱用的护肤品。如果你有相似的肌肤问题，
或许能从中得到一些启发。

03
频繁
起红疹

什么护肤品
都不管用时，
干脆什么也不用

04
脱皮

皂基洁面＋含酒精的水
对干敏皮考验实在太大

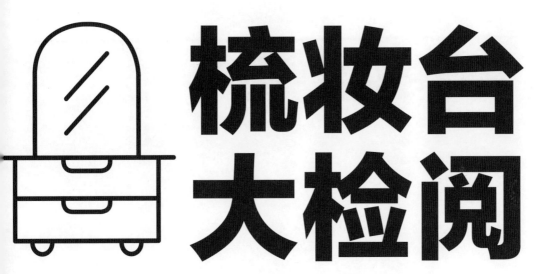

梳妆台
大检阅

编辑 李小露　　**设计** NA　　**图片来源** 胡丢丢、阿狸、朵拉、晓思

01
红血丝

角质层薄、
易发红发烫，
最先做的应是
修护皮肤屏障

02
爆痘

祛痘最有效的成分
孕期内不能使用

图片
说明

我最常用的护肤品只有 6 款，分别是艾尔特梦迪（elta mD）氨基酸泡沫洁面乳、无印良品（MUJI）滋润型基础润肤化妆水、哈芭（HABA）角鲨烷精纯美容油，搭配雅诗兰黛的小棕瓶精华和眼霜，以及珂润的润浸保湿眼部美容液。

大概 10 年前上大学时，每到周末就化妆，用卸妆油卸完后还觉得不干净，又用露得清深度清洁洗面奶再洗一到两遍。也没防晒理念，最多只是夏天打伞，几乎没涂过防晒霜。这种情况持续了将近两年，最后导致满脸痤疮。

后来去医院治疗，停止化妆和日常护肤，减少摄入高糖食物，大概半年后痤疮基本好了。偶尔长痘，会去美容院清出来，慢慢也就不长了。但现在皮肤变薄，红血丝明显，容易脸红，用某些护肤品，像兰蔻小黑瓶，会有刺痛感。

我换过很多护肤品，也用过**德美肤霖（Dermaplan）**一类修护皮肤屏障的。不过最近 5 年里，我基本稳定下了常用护肤品，很少出现刺痛了。

唯一的遗憾是还没找到合适的防晒产品。因为皮肤比较黑，不太想用很假白的产品，但很多物理防晒产品用起来都很假白。

油敏皮
有明显红血丝
皮肤薄，易脸红

胡丢丢

29 岁
长居北京
褒曼医生皮肤测试得分
41（分数越高越敏感）
非常敏感

■ 即使是年轻、油脂分泌旺盛的油皮，频繁清洁也是不可取的。油皮护理的重点应该是去除多余油脂，减少炎症，比如少吃糖、好好防晒。

■ 担心假白的话，可以选带调色的物理防晒产品，它们会加色料，让产品颜色比较接近肤色，像伊丽莎白雅顿的城市智能防晒（俗称"橘灿防晒"）、Murad 多重防护乳。

清单资深个护编辑

KEY

■ "5 年里稳定下了常用护肤品"非常棒。不只敏感肌，对任何肤质而言，保持状态稳定、减少刺激可能带来的炎症都是"抗老、美白"等需求的基础。

橘灿防晒　　Murad
　　　　　　多重防护乳

图片
说明

生完宝宝后在月子中心休养，这些是我带过去的护肤品。其中芬兰品牌优姿婷（LUMENE）
的 3 款产品——北极云莓 VC 亮白焕彩鸡酒尾酒保湿精华油、24 小时保湿滋润面霜、北极
冰泉充盈水感修护喱啫面膜，都是我很喜欢的。

我之前用各种面膜和不适合的护肤品，导致皮肤越来越敏感，后来停用了它们，温和洁面，早上只用清水洗脸，主要用主打修护的产品。感觉最好用的是两款面霜：**怡丽丝尔（ELIXIR）面霜**，这个非常滋润，油皮可能受不了；**TOPIX Replenix 夜间修护晚霜**，脸上三角区爆痘、脸颊红肿时我就用这个。后来皮肤一天比一天正常，恢复了光泽，泛红、刺痛也好了。

皮肤变健康后，就陆续增加功效性护肤品。用了维 C、多肽和视黄醇。因为怀孕，视黄醇没用几天就停了，维 C 一直在用，是逐步建立耐受的，并且把维 C 放在其他护肤品后。

现在偶尔出现一小块泛红时会停一两天精华，不化妆、不用卸妆产品，红肿消下去后用一下面膜：**急救美人（First Aid Beauty）燕麦面膜**，有点敏感时用它，发红的地方恢复得快；**优姿婷（LUMENE）补水面膜**，用完第二天脸一整天都是水润的，特别明显。

干皮，孕期爆痘
最严重的一年除了夏季，
其他 3 个季节脸反复泛红、刺痛

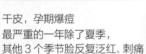

阿狸

34 岁
长居北京
褒曼医生皮肤测试得分
38.5（分数越高越敏感）
非常敏感

这是一个非常好的正确护肤案例，阿狸的 3 点做法值得大家参考：

1. 出现敏感状况时，以基础保湿为主，可以只用水乳、防晒产品，等皮肤屏障稳定后再追求美白、抗老等功效。

2. 用功效性产品时，可以通过降低频率，或从低浓度产品用起，逐步建立耐受。

3. 将功效性产品放在靠后的护肤步骤里，如先用护肤油再用维 C，能在保证功效的同时尽量减小刺激。

■ 另外，怀孕期间停用视黄醇（即维 A 醇）也是对的。维 A 醇是维 A 酸的衍生物，口服维 A 酸有让宝宝致畸的风险，所以原则上也不建议孕妇使用含维 A 醇的护肤品，这类产品大多是精华和晚霜，比如大家熟知的彼得罗夫维 A 夜间精华、露得清维 A 醇晚霜。

清单资深个护编辑

彼得罗夫
维 A 夜间精华

露得清 维 A 醇
抗皱修护晚霜

KEY

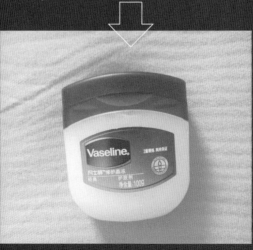

图片说明 这么多护肤品现在都闲置了，只是偶尔用一用凡士林的经典修护晶冻。

我裸肤半个多月了，只用清水洗脸，偶尔用一点点**凡士林**。平时戴口罩，尽量避免中午晒太阳，现在皮肤挺稳定，以前动不动就起的小红疹，这段时间再也没起过了。

大学时乱用护肤品，如黄瓜、珍珠粉，甚至白醋洗脸都干过，总之没思路，从微商到大牌，人家说什么好我就试什么，换得也频繁。有段时间还每周去美容院去角质、补水之类的。搞到最后脸彻底废了，脸颊发红，频繁起红疹。

我又喜欢吃辣，但吃顿火锅、烧烤就冒红色发痒的痘。开始还想用护肤品治一治，后来也干脆不管了，感觉没啥用。

上个月还在用护肤品，比如资生堂红腰子精华、薇诺娜舒敏系列等，每天到了傍晚脸就干痒。现在裸肤，反倒没怎么起红疹了。

干皮，嗜辣
曾频繁起红疹

朵拉

32 岁
长居西安
褒曼医生皮肤测试得分
26.5（分数越高越敏感）
比较耐受

■ 珍珠粉这样没有经过精细化工处理过的东西，成分复杂，即使吃下去没事，但涂抹有可能过敏，过敏对皮肤的伤害，十天半个月也养不回来。

■ 敏感肌的护肤品选择应该要固定一些，避免频繁更换新成分，增加刺激的可能性。当处于高敏感阶段时，任何产品都可能成为刺激源，不用会比用好。不过，最好能够在医生的指导下做判断，毕竟敏感严重的情况还是应该使用药物治疗。

清单资深个护编辑

KEY

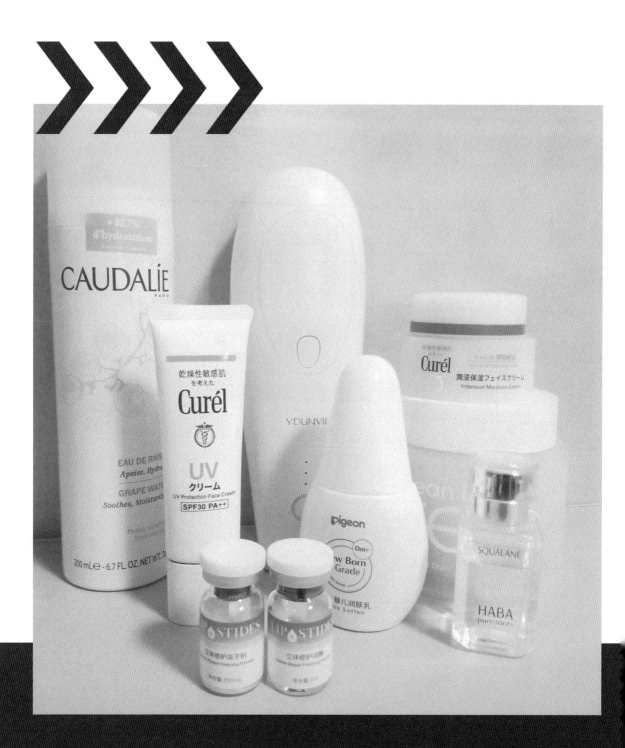

图片
说明

我常用的护肤品都是补水、保湿类的，比如珂润润浸保湿乳霜、贝亲婴儿润肤乳和哈芭角鲨烷精
纯美容油，偶尔会用易科美的纳米点阵嫩肤美容仪。

　　我家在乌鲁木齐,大学时皮肤开始出现问题,那时在长春,气候干燥。我是觉得自己角质层没问题的,加上喜欢干爽的感觉,就用洁面皂洗脸,也不是什么大牌产品,就平常能看到买到的那种普通开架吧。是不是手工皂?这真不记得了。

　　当时还追求美白,又看重性价比,就选了**日本伊诗露胎盘素美白化妆水**(俗称"蓝水"),它号称"平价雪肌精",500 毫升才 100 元不到。

　　虽然知道它是给油皮的,但我干皮用好像也还行,就拿来拍脸。大概是夏秋时候开始用的,到后面用不完还拿它涂身体。结果半个学期后就不行了,搓澡时轻轻一搓,全身都辣、痛。蓝水那特别浓烈的酒精味让我反应过来,可能是它真的不适合我。

　　之后停用了蓝水,慢慢换成了现在的护肤品,不追求美白,也喜欢上了护肤品糊脸上油乎乎的感觉。

干皮,角质层薄
卸妆时有擦伤刺痛感

晓思

23 岁
长居乌鲁木齐
褒曼医生皮肤测试得分
29.5 (分数越高越敏感)
比较耐受

■ 干燥环境 + 皂基清洁 + 使用含酒精的水,这样的组合对干皮屏障确实是很大的考验,在护肤摸索的道路上吃点小亏也是难免的。

■ 敏感皮肤产生的原因往往不是单方面的,需要结合所处环境、使用产品、护肤习惯甚至是情绪、睡眠等因素综合考虑。

■ 另外,不太推荐大家使用手工洁面皂。虽然有很多手工皂宣传"成分天然""操作简单""在家也能做",但化妆品都是精细化工产物,产品的 pH、皂化反应的原料比例以及生产过程中的层层工艺都不是手工能精准把握的。失之毫厘,谬以千里。

清单资深个护编辑
KEY

简单就好

编辑/监制 舒卓
设计 NA
摄影 王海森
摄影助理 陈子建
场地 SenSpace

很多攻略，很多消费，很多尝试……
还是解决不掉脸上经年累月的问题。
可能你的皮肤和你的生活方式一样，
需要被重新审视。

* 所涉及产品均为私人物品，只作为道具表达意向，故不作名称标注

我这一辈子，
都要和敏感相处

撰文 QQ　编辑 李小露　图片来源 QQ

全副武装出现在太阳底下时，我感觉很安全。可人们
望向我的眼光，却让我陷入忧虑。

　　10 年前那个早春下午，我从华山医院皮肤科出来，阳光有些刺眼，
就下意识抬手一挡，手心里的热度让我一个激灵反应过来，连忙后退几
步，缩进了阴影里，又放下手，扯了扯并不长的衣袖，想要遮住手臂。

　　我对紫外线严重过敏，对 UVB 的抵抗力甚至为零。这是半小时前
光敏专病门诊大夫确诊的。

　　手臂上，刚才做光敏和过敏原测试留下的印记还清晰可见，那是一
小块变黑的皮肤。别人在仪器照射下二三十分钟才可能有的反应，我没
几分钟就出现了，大夫按下停止键的速度那叫一个快。

　　我想过自己可能皮肤敏感，毕竟在来华山医院的前几个月，我就动
不动皮肤红肿，全身痒得挠心挠肺，毛孔还能看见出血点。但怎么也没
想过会敏感到这种程度，而且过敏原还真是紫外线。

　　不是说万物生长靠太阳吗，那怎么会有人对紫外线过敏呢？怎么那
个人又偏偏是我呢？

我是敏感肌

自述人　**QQ**　32 岁，高校工作人员，现居上海

我对紫外线严重过敏,
对 UVB 的抵抗力甚至为零。

我动不动就皮肤红肿,
全身痒得挠心挠肺,
毛孔还能看见出血点。

那次军训晒伤,
可能是一切的开始

以前我从来不知道防晒是什么,上海 40 度高温的夏天里,我可以啥都不涂,也不撑伞也不戴帽子,在大太阳底下骑半个小时的车,什么问题也没有。

变化是从 2007 年开始的。那是我大一升大二的暑假,顶着 30 多度的高温军训,每天都有不少女生因为各种原因坐到旁边的树荫里,到第三天时,树荫里已经坐了十几个女生。

我也被晒得受不了,脸和脖子肿了起来,皮肤摸上去触感像砂纸一样,甚至毛孔里都有了出血点。跑去校医院开药,医生说都这样了,还军训啥,就给我开了请假单。但辅导员不让,说"队伍里不能再有人倒下,那太难看了"。

作为一名党员,我非常听话地坚持到了最后一天。但坚持的后果,是我就此紫外线敏感,并可能要跟它相伴终身。当然,那时的我并没有意识到这些。

1. 泰国突突车上,怕被车窗外的太阳晒到,即使在车里也不得不把自己蒙得脸都看不见。
2. 试穿新买的防晒服。
3. 读研时去台湾的留影。
4. 家里的防晒帽、防晒衣、防晒口罩、防晒霜大合照。

军训结束那天去食堂吃饭,同学们拿着盘子朝我迎面走来,竟然没有一个人和我打招呼,我远远地跟她们打招呼,也没人理睬我。我还觉得奇怪,回寝室一照镜子,妈呀,这谁呀,别说同学不认识我,我妈也要不认识我了。

军训的晒伤大概十几天就恢复了,我也没放在心里,第二年春天,就开开心心地去实习了。谁也没想到,有一天跟同事们下楼散步,回到办公室后,我的脸就跟当时军训晒伤时的状态差不多了。

急急忙忙跑到学校附近的长海医院皮肤科,还没开口,医生说:"你的脸怎么了?"我心一沉,这不该是我的台词吗……看来这不是个靠谱的地方。

这个医生一边问我怎么回事,一边建议我用硫磺皂把脸洗洗干净消消毒。现在想想,这是个多不靠谱的建议啊,硫磺皂洗脸会破坏皮肤屏障,而过敏的时候皮肤是很脆弱的,是需要去修护皮肤屏障的。用肥皂洗脸,这不越洗越糟糕吗!

后来还是我自己发现的,只要一晒太阳,脸就会有反应,到最后连手臂、腿也这样。我就直接预约了最有名的华山医院皮肤科光敏专病门诊。排队时,我终于觉得找到同伴了!长队里的每个人,皮肤都和我是差不多的状态,原来我不是一个人在战斗。

诊断结果是我的皮肤对 UVA、UVB 都严重过敏,对 UVB 的抵抗力为零。

因为过敏原主要是紫外线,我以为只要做好防晒就行了,但事情比我想象中复杂。医生说,日光灯等也会有一些相关波长的光让我过敏,这意味着,除了不能晒太阳外,我还得把家里的日光灯管换成灯泡,不能坐在窗户边……

医生一字一句的交代听得我绝望,我还能在这个星球上存活下去吗?

但很快我就发现,躲避日光不算什么,身边人探究和不理解的目光如影随形,更让我十分沮丧。

即便裹成粽子,
也挡不住炽烈的审视目光

华山医院确诊后,我就开始了长达近十年的"蒙面人"生活。每天都是防晒霜、墨镜、遮阳帽、长袖防晒衣、防晒伞等一层层套下来,包裹得严严实实。

一次跟朋友们吃饭,坐在靠马路背阴的窗玻璃边。吃完饭,我开始戴口罩、戴防晒头巾、戴帽子、穿防晒衣,路边走过的一群人竟然看着我停下来了,交头接耳说:这个人肯定是维吾尔族,要不然为啥蒙成这样?

我顿了一下,没说话,但其实挺想告诉他们,现在维吾尔族很少人戴头巾了。

我怎么知道的?因为我托人去买过啊。

10年前的网络远远没有现在发达，那个年代没有微信，没有公众号，也没有那么多人普及科学的护肤知识，大家的观念还停留在"晒晒更健康"，防晒遮阳产品也很有限，市面上想找一块能把我的脸蒙住的面巾都得费九牛二虎之力。

我甚至托维吾尔族的朋友帮忙，从她老家找块可以把脸蒙起来的头巾，但她回去看了一圈，说老家早就没人戴头巾了。

好在还有万能的淘宝，我找到了各种能防晒的产品，头巾、帽子、口罩、防晒衣、防晒披肩、防晒裤、防晒手套等等，只有你想不到，没有你找不到的。

当我全副武装出现在太阳底下时，我感觉很安全。但大家盯着我看的眼神和不理解的态度却让我困扰。

"越不晒太阳就越不能晒，你应该尝试脱敏疗法，多晒晒就好了。"

"你这样也太夸张了吧，是不是矫枉过正了？"

"你也太矫情了吧！"

……

我真的不是矫情。有些过敏可以用脱敏疗法，但紫外线过敏是不适用的。

有时我会因为顾忌身边人的视线而放弃防晒，结果就是过敏得一塌糊涂，身上痒得都快抓破了，恢复过来要好

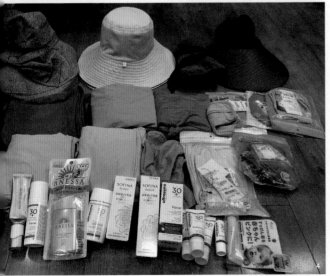

久。梁朝伟在《东成西就》里的香肠嘴造型你晓得吧，我有好几次就搞得差不多成那样了。

真正理解我的人，太少了。

善意依然存在，
我看世界的脚步也没被阻挡

就这么折腾了好几年，身边人慢慢知道原来我过敏真有这么严重，也开始理解了。更重要的是，我自己放下了心结：皮肤是我的，为什么要因为别人不痛不痒的一句话就不爱惜自己了？做好我的防晒，让别人说去吧。

之前捂着看不见脸时，在路上碰到熟人我会故意躲开，哪怕在都是陌生人的环境里，我也不自在。现在我会主动跑到熟人面前打招呼，大声说"嗨"，他们经常被吓一跳，摘下口罩发现是我时，就一起大笑，哈哈！再遇到陌生人诧异的眼光时，我会想，反正你也看不见我长啥样，爱谁谁……

就这样，我跟自己、跟身边的人和环境都和解了。

虽然防晒装备包住了自己，但我本性还是向往外面世界。我鼓起勇气带着我的装备，走了很多地方。

第一站是拉萨。我的研究生室友是拉萨人，在她的邀请下，我们几个同学一起坐火车去了遥远的拉萨。当地紫外线很强，大家对我去那里都有些顾虑，我也是。但去了后才发现，想多了。因为当地人和我的打扮差不多，大家都戴帽子口罩，还围着围脖，没人觉得这身装扮有什么好奇怪的。

还去了柬埔寨。柬埔寨的夏天真是吓人，紫外线太强了。后面有些行程我直接放弃，干坐在车里等小伙伴。即使这样，回到宾馆洗澡时，发现太阳还是在我身上晒出了一个内衣印子……我可是坐在车里面穿了T恤的啊！看来有些地方我还是不能夏天去……

说实话，紫外线过敏给我的生活带来了不便，但也让我因祸得福。

我的皮肤比同龄人状态好很多：脸白皙细腻，凑近看也看不太出毛孔，几乎没长斑，皱纹的痕迹也非常非常淡；而我的同龄人已经开始长皱纹了，斑也几乎每个人都有一些。

现在的环境比10年前好太多，自媒体普及了大量防晒知识，明星们夸张的防晒装备也被大家当作励志的做法效仿。马路上经常能看到我的同类，戴着帽子口罩，只露眼睛，有的甚至还戴着我之前不敢戴的"鬼子帽"和"抢劫头套"，不少男生也加入了防晒大军。

现在即使我去到新的环境，大家也不再会惊讶于我的装扮，顶多说一句"你真注意保护皮肤啊"。我再解释一句"我紫外线过敏"就好了。

这就是我的故事。

中国配方师

撰文 Tinco　设计 NA　图片来源 PURID、玉泽、美希

化妆品配方师的工作，
或许远没有你想象中那么光鲜。
他们可能每天接触最多的
是烧杯瓶、原料桶、车间工人，
一不小心的一个疏忽
就有可能导致一大批产品报废，
他们可能苦心研发好几年
也未必能把一个新品成功推向市场，
他们还可能因为长期接触新配方
而让自己患上接触性皮炎……

01

PURID 创始人
大老王女王

02

玉泽首席配方师
郭奕光

03

maicy 美希创始人
孙小美

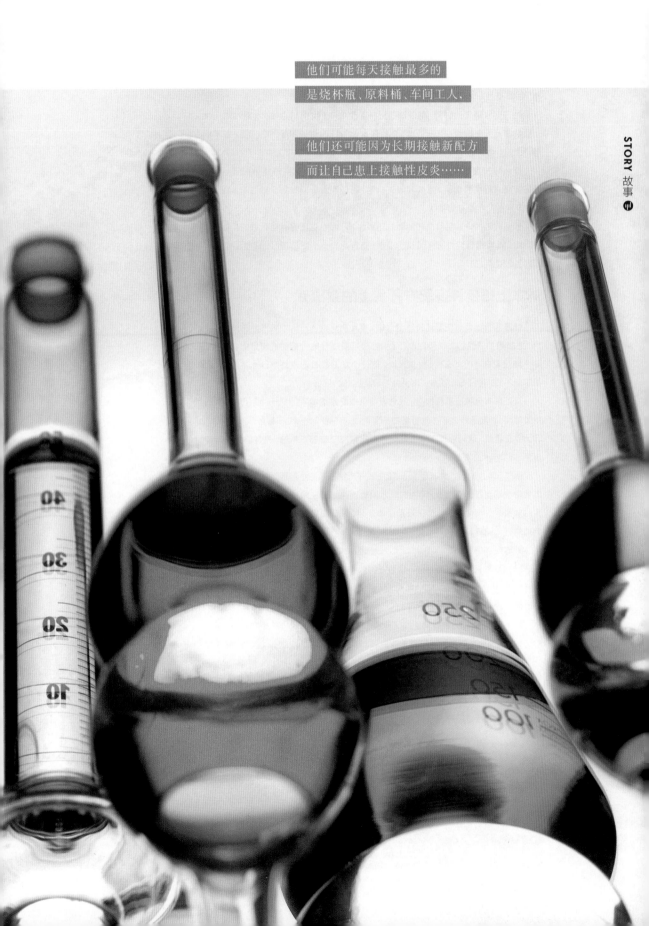

他们可能每天接触最多的
是烧杯瓶、原料桶、车间工人、

他们还可能因为长期接触新配方
而让自己患上接触性皮炎……

"4000多瓶都报废！我真的没想到，自己的第一个产品竟然毁在了瓶子上。"

学化工出身的大老王女王，做了10多年的配方师。3年多前，他发现有一种新型美白成分的效果很明显，但因为稳定性差，所以大部分精华的质地都很厚重、肤感不好，就决定干脆自己开发一款轻薄的。

他花了快两年的时间，前后改了近40个版本，终于在功效、肤感和稳定性上找到了一个平衡点。但没想到，在找包材供货商的时候踩了一个大雷。有不少用户反映，精华用了1~2个月以后，泵头就再也按不下去了。

泵头坏掉还不是最差的情况，如果本该真空的包装在密封性上出了问题，产品变质才是更要命的。所以大老王决定，用户手上没用完的全部召回，剩下的4000多瓶库存也忍痛不卖了。

想到自己的护肤品牌在初创时的这段经历，大老王还是非常痛心。原来做一个品牌，就像跑马拉松一样漫长而艰辛；而设计出一个好的配方，只是刚刚踩到了起跑线上而已。

成本上限是许多配方师头上的紧箍咒

配方师行业有一些不成文的潜规则，多年前让刚入行的大老王非常痛苦。比如，大多数护肤品的需求和定位，是根据市场最接受的价格倒推出来的，原料成本率要控制在10%左右。也就是说，每一个配方都有严格的原料成本上限，如果定价不高，还要做出功效，几乎是不可能完成的任务。

"以前有个同行跟我抱怨，他老板要求他配方成本不能高于10元钱，否则就要被骂。那就是什么有功效的都加不了啊，或者只能加一点点，那有什么用呢？"在大老王看来，这样的工作方式是培养不出有想法的配方师的，最多只是执行老板意志的流水工罢了。

所以，虽然PURID诞生3年还只是一个并不大的小品牌，大老王也一点都不后悔当初自己出来单干。因为在配方设计这件他最在意的事情上，终于有了更大的自由——没有老板给自己设定成本上限，只要根据对功效的设想，去寻找更合理的方案就行。

大老王在微博上的名字叫@大老王女王，2012年前后他就已经成为微博上非常活跃的成分党。要知道，直到2010年药监局才规定所有的化妆品都必须标明全部的成分名称。那个年代，大家买化妆品更看重质地、香味、品牌，会去看成分的普通消费者寥寥无几。

2012年，大老王在微博上写了一篇《护肤大谎言——你是"外油内干"肌》的文章，指出这个问题的本质就是皮脂膜和角质层损伤。虽然没有提到"皮肤屏

配方师12年　**大老王女王**　｜　PURID 创始人

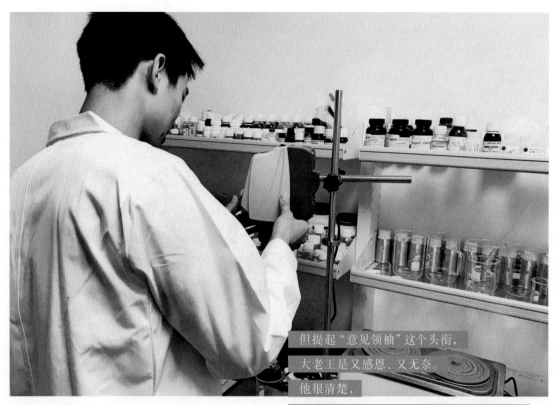

但提起"意见领袖"这个头衔，
大老王是又感恩、又无奈。
他很清楚，
如果不是因为自己在微博上积累的影响力，
PURID 可能很难活下来。

工程师正在调试搅拌机

障"的概念，但其实说的就是同一个意思，而"外油内干"也是许多油性敏感皮的基本特征。大老王算得上是国内非常早就关注到皮肤敏感与屏障受损之间关系的护肤意见领袖了。

但提起"意见领袖"这个头衔，大老王是又感恩又无奈。他很清楚，如果不是因为自己过去在微博上积累的影响力，PURID 可能都很难活下来。但他更认同自己的身份是一个配方师，用产品来说话。"虽然在别人眼里我们好像就是'搅屎棍'，每天的工作就是在那里搅啊搅啊搅。" 每当有人在微博上追着他问"你写写这个产品吧""能不能评价下这个成分"时，他常常觉得很疲惫，想把微博直接关掉，因为很多人甚至都没有搜索一下，他是不是早就已经写过这个问题了。

大老王有时也会苦恼于公司的发展跟不上大家的预期，最头疼的还是供应链和产能。常常有用户催着他上架，他在微博上回应了好多次为什么最近又供不上货、为什么工期又延后。PURID 的办公地点在广州，但工厂却设在上海，这一点让大家很费解，因为广州护肤品制造业的繁荣程度在国内也是数一数二的。但大老王并不信任广州的许多小工厂，药监局曾爆出一些违法添加激素的面膜品牌，很多都来自广州。

"广州当然也有很好的大工厂，但我们的量实在太小了，他们不会接我们的单子，我也不想用他们现成的配方。如果找小工厂，我真的不知道他们之前的原料桶里装过什么东西。"所以宁可麻烦一点，他也坚持在很多年前就合作过的上海工厂生产加工。

2019 年的中国美容博览会 5 月 20 日在上海举行，这是皮肤科专家、原料商、供应商和品牌方一年一度的盛会。大老王的腿脚不是很方便，需要靠拐杖走路，每次出差回来身体都要缓上好几天，但他还是执意要去上海出差。尽管再也没有发生过 3 年前 4000 瓶精华报废那样的事故，但他对现在产品的包材依然不够满意，"我想再找找，有没有更好的供应商。"

临床表现才是实打实的功效证明

2019 年 1 月，药监局发布了一个加强化妆品监管的公告："以化妆品名义注册或备案的产品，宣称'药妆''医学护肤品'等'药妆品'概念的，属于违法行为。" 许多商家连夜修改了自家电商的详情页，删掉了"药妆"这个原本非常带流量的搜索关键词。

虽然这个法规由来已久，但在玉泽的首席配方师郭奕光心里，一直有点不甘心。"国家是好心，不让宣传化妆品的医疗作用，因为确实有一些产品夸大宣传、误导消费者。但是玉泽在临床上的表现是有多家医院的数据验证的，能不能合法地说出来？怎么定义功效？这个是法规需要考虑的问题。"

从 2003 年开始，郭奕光就投入到了玉泽的产品研发工作中，希望能够为有银屑病、特应性皮炎等皮肤疾病的患者，研制出能够辅助治疗的护肤品。这个最初的诉求来自上海瑞金医院的皮肤科主任郑捷，他在临床中发现，许多皮肤病患者的病情经常反复发作，有些就是因为护肤品使用不当造成的；而在用药期间，也确实需要一些更加安全、有功效的

配方师 33 年　**郭奕光**　上海家化高级工程师

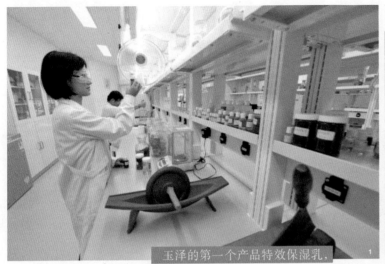

> 玉泽的第一个产品特效保湿乳，研发就花了 6 年的时间，它的核心成分是亚油酸、神经酰胺。

护肤品来舒缓皮肤的应激症状、修护皮肤屏障。

玉泽的第一个产品特效保湿乳，研发就花了 6 年时间，它的核心成分是亚油酸、神经酰胺。郭奕光说："当时市面上的产品普遍还是用矿油的，我们用的是植物油，成本一下子比别人高出很多。当时定价 88 元钱的身体乳，很多人都觉得还是承受不起。"郑捷主任在临床上用玉泽做了多年的跟踪观察，1386 位银屑病患者有 58% 在使用一年后避免了复发或复发程度显著减轻，这项研究成果已经在 2015 年美国《皮肤病治疗学》杂志上发表。

让郭奕光引以为傲的是，当初玉泽在研发时采用的"仿生脂质"思路，正在被越来越多其他的品牌认可和追随，而已经创立了十多年的玉泽，无疑是这个领域非常早期的探路者。仿生脂质的思路是，找到健康皮肤中所含有的各种成分的天然配比，把模拟天然脂质的仿生脂质补充到表皮层，促进皮肤自身的修复能力，让亚健康甚至是疾病状态的皮肤屏障，也能更快地恢复健康。

玉泽能走到今天是幸运的，背靠有自主科研实力的上海家化，不盲目跟风，也不急功近利。郭奕光回忆，家化有太多投入了大量精力、财力的项目，最终因为对安全性、功效性的顾虑而没有推向市场。比如，EGF 生长因子曾经是一大热门的研究领域，当时药监局还没有规定护肤品中不允许添加，但是家化在研究中发现长期使用 EGF 可能会存在一定的安全风险，所以没有把这个成分放在产品中推向市场。创新往往都是在无数次尝试、碰壁中，不断修正和进步的。

郭奕光希望国家能尽快出台《化妆品功效宣称评价指导原则》，让真正有功效的化妆品也可以依法宣称它的功效，而不是像现在一刀切的方式，让消费者难以分辨。他常常对团队说，玉泽要去关心皮肤科学领域最前沿的问题，如果产品足够安全和有效，连严重的皮肤病患者都能用，这将是一件多么惠及普罗大众的好事啊。

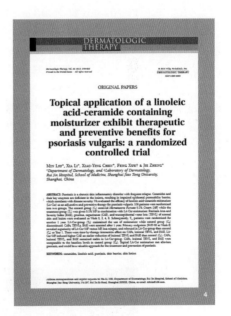

1.2.3. 上海家化实验室
4. 玉泽针对银屑病患者的临床观察研究成果，2015 年发表于美国《皮肤病治疗学》杂志。

1

生物科技护肤品可能是未来的方向

十多年前,孙小美还是一个混迹于中关村的互联网人。她从搜狐的产品经理做起,后来独立运营了一家流量公司,幸运赚得了人生的第一桶金。但不幸的是,因为长期的熬夜和焦虑,她也把自己的脸给毁了。长痘、暗沉、粗糙、脱发……每年砸十多万元在护肤品上,也没见有什么好转。"我不甘心啊,哪怕只是为了自己这张脸,也要试试。"她决定自己找生物专家研发核心成分,做能真正改善皮肤健康的护肤品。

现在,孙小美已经有了一个自己的护肤品牌,名字就是自己的英文名maicy,中文叫美希。从投入研发乳酸素、酵母素到产品上市,整整花了8年多。起初,当她找到军事医学科学院分子生物学的专家介绍她的想法时,对方根本没放在心上,"做护肤品? 这个让我搞生命科学的同行知道了,是要笑掉大牙的。"但最终孙小美的坚持还是说服了他,初期的几百万研究经费花的都是孙小美自己的积蓄。

当这位专家现在在美希产品的社群里看到很多用户们的反馈,说自己的皮肤真的得到了质的改善时,他感慨当初自己做了一个正确的决定,"过去都是搞精细化工专业的做护肤品,和搞生物医学的也没什么沟通,

产品经理 20 年 | **孙小美** | maicy 美希创始人

这里面遏制了多少产品的创新啊。"

有别于化工行业出身的传统护肤品研发团队，参与研发的分子生物学家和孙小美有一个共同的信念：生物科技才是未来护肤品的方向。他们花了 5～6 年时间研究乳酸菌、酵母菌在个人护理领域的作用，找到了能够改善头皮健康、面部肌肤甚至口腔健康的菌种。经过发酵、提纯等一系列工艺，把这些发酵物加到洗发水、护肤品里，取名为"乳酸素""酵母素"，它们能抑制有害菌、修护屏障、抗老化，相当于为有益菌的生长提供了营养的"土壤"，激发了皮肤自身的活力。

说到细菌发酵物，最出名的就是 SK-II 的专利成分 Pitera，以及小棕瓶、小黑瓶主打的抗老、修护成分"二裂酵母发酵产物溶胞物"，都是类似的原理。要理解生物制剂的护肤品，可能会颠覆两个传统的认知：首先，配方表里的成分名称可能说明不了任何问题，哪怕都叫"酵母提取物"，但因为菌种、培养基、工艺的不同，结果也会是功效截然不同的产物；其次，以前配方师们绞尽脑汁要解决的"透皮"问题，也就是如何让功效成分渗透到表皮更深层的难题，可以换个思路来解决了，因为生物制剂或许可以直接改善皮肤表面的微生物菌群，用生物学的思路来改善皮肤健康。

配方师那工是 7 年前加入孙小美公司的，之前他在 OEM（代工）工厂工作时，一个月要给好几个客户做配方。但来了 美希这里，一个配方有时候要优化四五十个版本，为了一个进口的原料，生产一等就是半年也是常有的事。起初他并不习惯，心里总犯嘀咕，"这个配方已经很好啦，怎么还要改啊？"但在孙小美自己看来，这是一个产品经理应有的思维，"以前我们做互联网产品的时候就是这样的啊，必须改到让我自己满意为止。"半路出家的创业经历，也让她少了很多化工行业传统思维的限制。

孙小美为了更深入地了解用户需求和问题，建了几十个社群，有时候光是了解某个用户过往的护肤品使用习惯，就要聊好几个小时。前段时间她因为高度近视加上过度用眼，黄斑出了病变，

医生让她减少使用手机，但她依旧不分昼夜地泡在群里，每解决一个用户的问题都兴奋得不行。"我是产品经理啊，必须拿到一手的用户需求和使用反馈。"

在运营社群的过程中，她发现美希的用户中皮肤敏感的女生占到了 50% 以上，还有 20% 可能是严重敏感，急需去医院配合药物治疗。对于特别严重的情况，孙小美也会亲自咨询，给出合理的产品搭配建议。很多用户在用了一个月以后，皮肤都有显著的好转，就顺理成章地成为了孙小美的铁杆粉丝。有一次后台客服看到有个用户一下子买了好几万的产品，客服问她为什么要囤这么多，她说效果太明显了，皮肤稳定了，不再敏感了，连斑都褪下去不少，就是老担心哪天美希不做了，所以家里有几套才踏实。

看到越来越多这样的用户因为效果好而复购，孙小美感到前所未有的动力，"这比公司一年多赚多少钱、什么投资人想投我们，都要让我开心。如果我们有 10 万铁粉的话，我就已经很满足了。"她觉得自己还和十多年前一样，是一个敢想敢做、精益求精的产品经理。至于生意人常关心的利润、规模问题，她反倒不太操心。她觉得产品能做到位，大家真的越用越好，生意也会越来越好。"顺其自然就挺好的，大概这个就叫佛系创业吧。"

1. 培养发酵物乳酸素
2. 孙小美家洗手台上堆满了产品的试用装
3. 研发人员正在比对溶液 pH

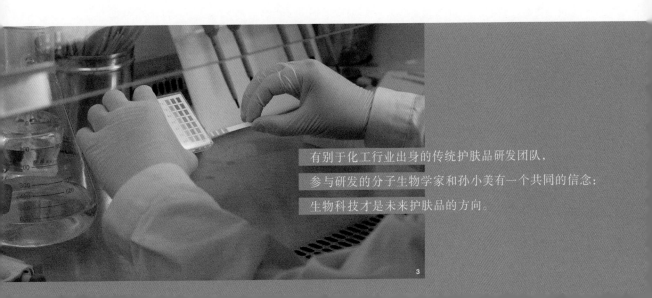

有别于化工行业出身的传统护肤品研发团队，
参与研发的分子生物学家和孙小美有一个共同的信念：
生物科技才是未来护肤品的方向。

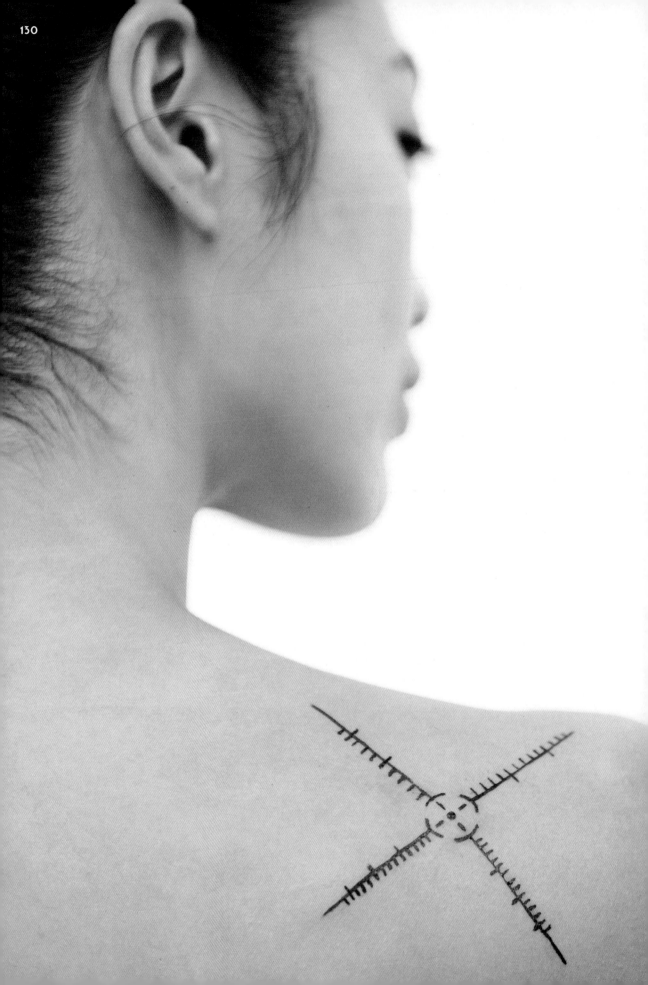

精准护肤
从判断自己的肤质开始

撰文 陈熙　设计 沈依宁　模特摄影 王海森　模特 杨璐溪　妆发造型 和平（和平范店）　摄影助理 陈子建
体验者摄影 高晨玮　监制 舒卓　场地 SenSpace、蜜丝莲娜科技美肤中心

通过科学手段深入了解自己的皮肤状况，
相比根据个人感觉判断要客观、准确得多。
而根据自己的肤质、问题精准护肤，既少走弯路，也会事半功倍。

在介绍判断肤质的方法之前，我先要给你打一剂预防针：对于大多数人来说，皮肤检测结果会令人觉得自己的脸"史无前例的差"，因为它将一切看得到的、看不到的问题都暴露出来了。

虽说结果很残酷，但其实也不必太过悲观。一方面，提前知道了皮肤深处所隐藏的问题，通过预防可以把未来可能出现的色斑、细纹、痘痘都扼杀在摇篮里；另一方面，只有客观认识自己的皮肤情况，才能精准、全面、有针对性地制定护肤方案，尽快让它恢复健康、强健的状态。

记住了这一点，我们再来了解 2 种肤质检测仪，以及敏感皮肤的 3 种测试方法。

主流肤质检测仪器：VISIA

VISIA 是目前国内普及程度很高的一种肤质分析仪器，在很多三甲医院，以及一些美容中心都有这个设备。它最早由宝洁公司开发，后来专利和数据库都被 CANFIELD 公司买下，并不断改良迭代。现在我们能用到的，已经是第七代 VISIA 了。

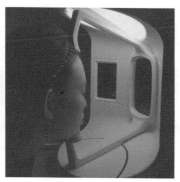

VISIA 皮肤检测仪

它就像一台超级照相机，通过 1200 万像素的摄像头，在 3 种光源照射下，运用光学成像和软件分析出皮肤的情况。它不仅帮助我们更清楚地看到皮肤表面的细节，还能让我们看到皮下 2 毫米处的情况，并预测 1 年半后的皮肤状况。

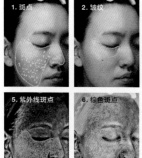
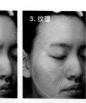

在拍摄脸部照片之前，需要先在系统中记录个人数据，包括姓名、性别、年龄等。有了这些信息，VISIA 就能将你和数据库中同龄人的结果做对比，然后得出一个百分数，它意味着你在 100 人中优于多少人。分数越高，说明你的状况越好。

我们能通过 VISIA 了解皮肤的 8 个方面：

1. 斑点：即皮肤表面肉眼可见的棕色、红色的皮肤痕迹，像痘印、痣、斑都会被圈出来。

2. 皱纹：主要分析眼周情况。不光是明显的鱼尾纹，一些淡淡的小干纹在镜头下也无所遁形。

3. 纹理：就是皮肤的细腻程度。黄色代表凸起，蓝色代表凹陷，两种颜色越少说明皮肤越平滑。亚洲女性相对欧洲女性的皮肤更加细腻，我国女性这项的平均分有 85 分。

4. 毛孔：体现了毛孔的大小。油性皮肤的毛孔容易被油脂撑大、堵塞，形成黑头、粉刺，毛孔一项分数一般也比较低。

5. 紫外线斑点：是指皮下潜在的、因吸收紫外线导致的斑点，和防晒是否到位息息相关。如果这一项得分不高，也不用太担心：你可以通过加强防护，减少晒斑生成；也可以使用美白产品，代谢掉已经产生的黑色素，这样它们就不会浮现到皮肤表面。

6. 棕色斑点：是指皮肤表面和皮下的色素沉着与变色，比如黄褐斑、雀斑等。如果脸上有黄褐斑，那么这一项的得分不好提升，因为它受激素影响，难以根治。如果是雀斑这种长在表皮的色斑，那通过调 Q 激光（一种具有美白、祛斑效果的医美技术）还是很好去除的。另外，这项得分还会受心情的影响，所以保持良好的心态也相当重要。

7. 红色区域：反映了毛细血管和血红素的情况。如果这项得分低，说明有炎症、痤疮、红血丝等情况，皮肤比较敏感。

8. 卟啉：是寄生在毛囊口的痤疮丙酸杆菌的排泄物，因为这种菌喜欢油脂，所以卟啉多就说明了皮肤出油量大，是判断肤质的一项指标。

VISIA 还会存储你的皮肤状况，监测一段时间内的变化。这样就可以直观地看到使用某种护肤品，或进行某项医美所带来的效果。

虽然现在很多地方都能做 VISIA，但我仍然建议你去大医院或口碑良好的医疗美容机构。因为有资质的医生和美容师能准确分析结果，并给出正确的指导。而经验不足甚至别有用心的人，可能会对你的皮肤报告做出误读。

比如将产生荧光反应的卟啉，说成护肤品含有荧光剂并残留在脸上；或将刚做完光电类美容（比如照射红蓝光或射频类的项目），红色区域得分较低、皮肤暂时比较脆弱的情况，误判为是皮肤敏感。这些误判或会让你选择错误的护肤产品，或引导你在不适合的医美项目上被坑钱。

能定制护肤品的肤质检测仪：IOMA

IOMA 是来自法国的高奢护肤品牌，它最著名的就是拥有自己的皮肤检测设备,也因此在 2013 年被联合利华集团全资收购。根据品牌官方介绍，IOMA SPHERE 2™（球形检测仪）通过多维 4D 技术测试系统对皮肤进行测试，得出自然状态、皮肤纹路状态、红血丝、斑点、细菌、眼周 6 个维度的结果。

1   2   3

1. IOMA 九大系列护肤成品
2. 球形检测仪
3. 基底精华调配仪

因为 IOMA 的业务重心主要在自家的护肤品上，所以除了提供皮肤检测报告，还可以根据肤质量身定制护肤品：它家的基底精华调配仪内置了 40,257 × 2 种（早/晚）不同配方，在获取皮肤数据后，一分钟之内便能调配出专属个人的日霜和晚霜。这也是它区别于其他肤质监测仪的最大特点。

临床敏感皮测试方法：乳酸刺痛实验、斑贴试验、CPT 测试仪

1. 乳酸刺痛试验

最广泛使用的皮肤敏感测试，属于半主观测试。

方法：在室温下，将 10% 乳酸溶液 50 微升涂抹于鼻唇沟及任意一侧面颊，分别在 2.5 和 5 时询问受试者的自觉症状，按 4 分法进行评分（0 分为没有刺痛感，1 分为轻度刺痛，2 分为中度刺痛，3 分为重度刺痛）。然后将两次分数相加，总分 ≥ 3 分者为乳酸刺痛反应阳性。

2. 斑贴试验

即十二烷基硫酸钠试验，属于半主观测试，多数用于寻找外源性致病原因及迟发型接触性皮炎引起的湿疹类疾病的原因。

方法：将一定的特殊物质（接触性变应原主要包括药物、橡胶制品、护肤品、防腐剂、玩具、家装材料、染发剂、印刷品、等二十大类数百种小类的过敏原）敷贴至皮肤表面，造成小面积的接触性皮炎表现，观察被试者对测试的变应原的敏感程度。

注意事项：

· 孕妇、皮肤病急性期不宜测试；
· 服用激素类停药 2 周以上方可实验，抗组胺类药物需停药 3 天，阿司咪唑需停药 3 周以上；
· 测试不可选择前臂；
· 测试期间不可抓挠被试区域，勿洗澡，勿做剧烈运动，减少出汗；
· 贴的过程中出现剧痛、灼烧应立即去除斑贴，清水冲洗。

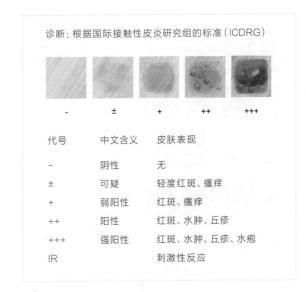

诊断：根据国际接触性皮炎研究组的标准（ICDRG）

代号	中文含义	皮肤表现
−	阴性	无
±	可疑	轻度红斑、瘙痒
+	弱阳性	红斑、瘙痒
++	阳性	红斑、水肿、丘疹
+++	强阳性	红斑、水肿、丘疹、水疱
IR		刺激性反应

3. CPT 测试仪

即电流感觉阈值测试仪，一般用于神经敏感性皮肤测试，属于客观测试，但往往也需要结合半主观测试来综合诊断。

方法：利用三种不同频率（2000Hz、250Hz、5Hz）来测试皮肤三种神经感觉纤维的亚型：粗有髓鞘 Aβ 纤维（2000HZ）、细有髓鞘 Aδ 纤维（250HZ）和无髓鞘 C 纤维（5HZ）在皮肤有炎症、损伤时的 CPT 值。相对于正常皮肤来讲，CPT 值降低，则说明皮肤敏感。

目前获得皮肤科医生广泛认可的皮肤分类方法，是美国医生褒曼提出的"16 型皮肤分类方法"，她花了 8 年时间搜集和整理患者资料，从油性与干性、耐受性与敏感性、色素性与无色素性、紧致性与皱纹性这四个维度来定义皮肤的类型。测试的方法也是通过四套调查问卷结果来判断。

中国华西医院皮肤科根据褒曼的耐受性与敏感性皮肤问卷，采用专家法、统计学方法编制了一套更加符合中国人肤质特点的敏感性皮肤问卷。如果你还不了解自己的皮肤到底属于耐受性，还是轻度、中度、重度敏感，可以花 5 分钟时间来做一下这个问卷。

更适合中国人的敏感皮肤测试问卷

编辑 Tinco　设计 刁姗姗

评估敏感性皮肤适用性最广的方法还是调查问卷，事实上很多皮肤敏感的表现，例如瘙痒、紧绷感等，就是一种主观感受，需要调查对象自己来感受、观察和反馈。

计分方法：

a 选项记 1 分，b 选项记 2 分，c 选项记 3 分，d 选项记 4 分，最终计算所有题目的选项分值总和即可。

1. 您脸上是否会不明原因地出现红斑、潮红、丘疹、瘙痒、紧绷、脱屑、刺痛等症状：

a. 从来不会　　　　　　　　　c. 经常会，每年 3 ~ 6 次

b. 偶尔会，少于每年 3 次　　　d. 非常频繁，大于每年 6 次

2. 环境温度变化或空调房时或刮风时，面部出现红斑、潮红、丘疹、瘙痒、紧绷、脱屑、刺痛等症状：

a. 从来不会　　　　　　　　　c. 经常会，症状不严重

b. 偶尔会，很快会恢复正常　　d. 每次都会，症状较严重

3. 在污染严重的环境里（如粉尘严重的房间、沙尘暴的季节、雾霾严重的户外）面部出现红斑、潮红、丘疹、瘙痒、紧绷、脱屑、刺痛等症状：

a. 从来不会　　　　　　　　　c. 经常会，症状不严重

b. 偶尔会，很快会恢复正常　　d. 每次都会，症状较严重

4. 季节变化时面部是否会出现红斑、潮红、丘疹、瘙痒、紧绷、脱屑、刺痛等症状：

a. 从来不会　　　　　　　　　c. 经常会，症状不严重

b. 偶尔会，很快会恢复正常　　d. 每次都会，症状较严重

5. 运动、情绪激动、紧张时面部是否出现红斑、潮红、丘疹、瘙痒、紧绷、脱屑、刺痛等症状：

a. 很少　　　　　　　　　　　c. 经常会，症状不严重

b. 偶尔，但很快就消退了　　　d. 每次都会，症状较严重

6. 吃辛辣热烫或其他刺激性的食物或饮酒时面部是否出现红斑、潮红、丘疹、瘙痒、紧绷、脱屑、刺痛等症状：

a. 从来不会　　　　　　　　　c. 经常会，症状不严重

b. 偶尔会，很快会恢复正常　　d. 每次都会，症状较严重

7. 对着镜子仔细看，面部：

a. 没有红血丝

b. 有轻微红血丝，少于面颊的 1/4

c. 有较多红血丝，约占面颊的 1/4 ~ 1/2

d. 有大量红血丝，大于面颊的 1/2

8. 您曾因为使用某种化妆品（如：洁面产品、保湿霜、美白霜、防晒霜、彩妆、洗发或者护发产品等）出现面部红斑、潮红、丘疹、瘙痒、紧绷、脱屑、刺痛等症状：

a. 从不　　　　　　　　　c. 经常会，症状不严重

b. 偶尔，症状不明显　　　d. 每次都会，症状较严重

9. 月经周期变化会引起面部红斑、潮红、丘疹、瘙痒、紧绷、脱屑、刺痛等症（男性选 a）：

a. 从不　　　　　　　　　c. 经常会，症状不严重

b. 偶尔，症状不明显　　　d. 每次都会，症状较严重

10. 剃须后出现面部红斑、潮红、丘疹、瘙痒、紧绷、脱屑、刺痛等症状：

a. 从不　　　　　　　　　c. 经常会，症状不严重

b. 偶尔，症状不明显　　　d. 每次都会，症状较严重

11. 佩戴金属饰品（如项链、耳环、戒指、眼镜、皮带、手表等）部位是否出现红斑、潮红、丘疹、瘙痒、紧绷、脱屑、刺痛等症状：

a. 从不　　　　　　　　　c. 经常会

b. 偶尔　　　　　　　　　d. 每次都会

12. 有无过敏性疾病史（例如：哮喘、过敏性鼻炎、湿疹、荨麻疹等）：

a. 无

b. 有

13. 父母或亲兄弟姊妹是否患有过敏性疾病（例如：哮喘、过敏性鼻炎、湿疹、荨麻疹等）：

a. 无

b. 有

14. 面部现在是否患有痤疮、玫瑰痤疮、面部皮炎或脂溢性皮炎等皮肤病：

a. 无

b. 有

分值统计：

得分 14 ~ 17 分为耐受型　　　**得分 24 ~ 32 分为中度敏感**

得分 18 ~ 23 分为轻度敏感　　**得分 33 分以上为重度敏感**

褒曼医生的 16 型皮肤分类方法测试

维度一：油性与干性

油性皮肤的产生是因为皮脂分泌增加，但干性皮肤产生的原因不仅是皮脂分泌减少，皮肤屏障受损也会造成干性皮肤。同时，皮脂分泌水平也受饮食、情绪压力、激素及遗传的影响。每个人面部的肌肤也未必都是油性或干性，所以一定程度上分区处理也很有必要。

测试你是干性皮肤还是油性皮肤

维度二：敏感性与耐受性

耐受性皮肤一般具有较厚的皮肤屏障，可以防止过敏原和刺激物质接触深层皮肤细胞发挥作用。褒曼医生把敏感性皮肤分为四类：粉刺亚型、玫瑰痤疮亚型、刺痛压型过敏性亚型，但即便是学术界，对于敏感性皮肤究竟该如何分型也没有达成一致的意见。

测试你是敏感性皮肤还是耐受性皮肤

维度三：色素性与非色素性

拥有色素性皮肤的浅肤色的人倾向于长雀斑，同时也有患黑色素瘤的危险。而色素性、紧致性皮肤的深肤色的人，不大可能患皮肤癌，但也会受到暗斑的困扰。紫外线会使黄褐斑加重，并导致日晒斑的产生，所以避免太阳照射是最重要的防止皮肤色素沉着的方法。

测试你是色素性皮肤还是非色素性皮肤

维度四：皱纹性与紧致性

皮肤老化的两个主要过程是内源性老化和外源性老化。内源性老化受遗传控制，随着时间推移逐步显现，这是无法避免的自然规律。外源性老化受到吸烟、环境污染、阳光照射等不良外部因素的影响，是可以一定程度干预的。

测试你是皱纹性皮肤还是紧致性皮肤

四个维度相互结合就决定了皮肤的变化趋势。比如，色素性和皱纹性的皮肤，通常有明显的日光暴晒史；干性和敏感性皮肤更有可能得湿疹。当然，调查问卷只是一个初步的评判方法，随着年龄、季节、地域、护肤方法的变化，不同时期做也可能会得出不同的结果。●

厚木

作为敏感肌,我可以直接涂芦荟到脸上,完全不过敏,嘻嘻……

作者回复

朋友,我看你是在玩火啊!不过敏也不能把各种蔬果植物糊脸上好不!

求推荐超补水的面膜!30 岁的老阿姨,现在的面膜每次敷一个小时,转天早晨脸还是干得紧绷。

作者回复

想问问您敷完面膜擦面霜了吗?以及,一次敷一小时,神仙面膜怕是也要从有效变有害。

可爱市民张小草

我之前过度清洁,搞得皮肤泛红、有小红点,感觉是过敏了,但是不疼不痒。现在用清爽控油型的皂基类洗面奶,一周两次清洁面膜。

作者回复

在知道自己皮肤屏障受损的前提下,还用皂基洁面 + 清洁面膜,这是……撞了南墙我也不回头?

Zoe Zhang

雪肌精我用了十几年,堪称完美的一款水。晒黑、晒伤、过敏全靠它修护,为什么说它不能湿敷?我敏感肌用着没一点问题!

作者回复

要是换一款无酒精的化妆水,说不定您早就不是敏感肌了。

我好想吃小龙虾哦

怎么都说 XXX 适合敏感肌?明明我一用就过敏。都是水军吧?

作者回复

借品牌十个胆子,它也不敢说自己完全不会让人敏感,毕竟还有人对水过敏呢。有时候也得从自身找找原因……

——

Aveeno 是否真的安全啊?我过敏后用了它一两天就变好了,皮肤也很舒服,会不会添加了什么违规的成分?

作者回复

Aveeno 大写的委屈……怎么把皮肤变得健康了的护肤品也有人怀疑,人家的功效明明就是舒缓保湿呀!

注:几天里快速美白、祛痘的产品倒是要当心,可能含有重金属或激素。

尔尔酱

想知道敏感肌用什么美白产品好?

作者回复

如果你正处于皮肤发红、刺痛、瘙痒的状态,请告别美白、抗老产品好吗?这时候修护皮肤屏障才是要紧事!

而稳定状态下的敏感肌,可以尝试一些温和的功效性护肤品,比如含有低浓度的 VC、烟酰胺或白藜芦醇的产品。记得要先局部试用哦!

琪琪

自从意识到自己是敏感肌,我就开始使用各种修护类产品,可至今没有完全摆脱两颊发红的情况。所以我化妆从来都不用腮红,去拍写真化妆师给我打腮红我都想拒绝。

作者回复

敏感肌唯一的"好处"就是省了腮红的钱吧……(还浪费粉底的钱了呢!)

我的奇葩
敏感经历

大型护肤迷惑现场。

撰文 陈熙
设计 张依雪 刁姗姗

乐 Sherry

我是敏感大干皮,每天晚上用贴片面膜,早上用纯露敷脸十分钟左右,不然真的干到不行啊!

作者回复

天天敷脸敷出皮炎、敷成敏感肌,当然会干到不行!

小灰灰

不少人认为有品牌的、专柜的就是好的，结果呢，用成激素脸。我可没听说过谁用纯露、芳疗之后烂脸的。你喝一口大牌爽肤水，保证难喝得像农药；再喝一口人家亲手蒸煮的花水纯露试试，那是淡淡的油性味，我亲身体验。

作者回复

抹在脸上的东西为啥要用嘴尝，难道好吃效果就好吗？以及哪个大牌护肤品有激素请告诉我，发家致富就靠告它了！

Faye

家里有个敏感肌老公怎么办？换了多少种男士护肤品都说刺激皮肤，非要蹭我的！

作者回复

放你老公一条生路吧，在护肤这件事上真没必要死磕同性护肤品。除非你希望他一直为你保持脸红羞涩的状态！

nana

干吗不能天天都敷面膜？我坚持一个月了，现在皮肤很好啊。

作者回复

天雨虽宽，不润无根之草；佛法虽广，不度无缘之人。

嘘！

之前用了日本的一个面膜，严重过敏，后来换了国货就好了。现在完全不敢用外国产品，怕过敏。

A_LYX

不赞同楼上，我对国货持谨慎态度。用过两款好评的国货护肤品都会过敏。之前用个洁面长痘，后来让朋友给寄了日产的用，皮肤就没啥反应了。

作者回复

都别争了，护肤界也别开地图炮！哪里都有好产品，哪里也都有不好用的产品，国别真不是决定因素！

孔孔

我可能对钱过敏。用过几次某集团高端线的产品都过敏，可它旗下平价线的品牌都没事……省钱了哈哈哈。

作者回复

第一次看到过敏这么开心的呢？！

赫

几年前很傻很天真，试过白醋洗脸，感觉自己快成泡椒猪头了，脸上还有红血丝。后来太懒停了反而好了。

作者回复

懒惰救脸一命。

高岭之花

有个脑洞问题：健康皮肤用敏感肌的产品，会不会让皮肤变敏感啊？比如说皮肤屏障得不到锻炼会退化啥的……

作者回复

护肤这件事上可没有啥"百炼成钢"的说法啊！适合敏感肌使用的产品刺激性普遍都小，对于健康皮肤来说也更加温和。

另外，空气污染和紫外线会导致皮肤的慢性炎症，抗炎、抗氧化成分也能修护损伤。

ZYMMM

严重时会全脸起一粒粒的白头，我觉得还是毛孔被堵塞了。可我平时非常注意清洁，早晚使用卸妆洗面奶，然后还会用化妆棉蘸着化妆水擦拭到干净为止。

作者回复

Hello，过度清洁了解一下？

谢

换季过敏，有小块状的红、痒，去药店买药吃了几天也不见好，求推荐产品……

作者回复

护肤品不是仙丹，只能保持皮肤状态的稳定，不能治病。情况严重麻溜看医生呀！

Rei_Yoki

其实每天用卸妆油也没关系呀，只要乳化充分，我也没长过闭口痘痘。倒是有一阵只用某款带磨砂的普通洗面奶洗不干净防晒，皮肤才变差的。

作者回复

防晒说，这个锅我不背！另，这位同学可以和上面一位组团学习了。

Pocky

所以皮肤敏感的我到底该用啥护肤品？

作者回复

如果看完这一本书你还有这个问题我就要打你屁屁了哟。永远记住，自己不动脑，皮肤好不了！

科学
就是正确的吗？

撰文 三亩　编辑 Tinco　设计/插画 NA

Tinco，你好：

好几年以后我回到清华，看到化工系师弟师妹用的程序里面还嵌着一段当年我写的代码，感觉非常温暖和自豪。

（一）

那是一段色谱数据的计算机辅助处理程序，用 MATLAB 写的。我读研究生时，不但色谱进样是手动，数据处理也完全靠自己输入和调整。在博士三年级的时候，我下定决心要摆脱这种低效的劳动，花了好多个周末的时间写了这段代码。后来不但处理速度大大提高，而且劳动强度也变成了原来的百分之一。

这种效率的提高，来自于思维方式的变化——**如果一件事情需要重复几十次，就值得写一段代码来完成。**

实际上，我在开始做"护肤科普"时，隐隐约约也保持着同样的态度。

（二）

作为一个有十年经验的护肤品配方师，我常常遇到朋友问我该如何选择护肤品。大部分的情况，我会先看她的皮肤状态，询问生活习惯和目前使用的产品，甚至工作压力，然后再给她们做推荐。

后来我发现，大部分人在停止过度清洁之后，皮肤都有了不同程度的改善——如果还加上一点甘油或者霍霍巴油，再有个防晒的习惯，几乎就有了九十五分的皮肤。

基于这个思路，**从皮肤和产品之间的互动去看护肤，不但效果更好，而且更省钱省力。**

当我一遍遍跟朋友讲述这个思路时，我突然意识到，这个应该用"代码"来实现——比如有一个网页，或者博客，或者什么其他的形式，让这些思想沉淀、聚集，让那些需要的朋友随时查看。

而彼时刚好有了微信公众号，我就开始了公众号写作。

写作的核心，是"科学"。

（三）

然而随着时间推移，在微信、微博和小红书上，出现了越来越多讲述"烟酰胺"、"视黄醇"和"透明质酸"的文章，常常用斩钉截铁的口气告诉读者：

"你就应该用某某某产品，这可是科学的结论。"

"某某某产品含有铬，这东西会在身体内聚集，赶快把它从你的购物车里拿掉吧。"

这种"科学"的叙事方式，一下子很受欢迎，于是越来越多的写作者出现，都打着"科学护肤"的旗号。在这种热热闹闹的场合，我经常是那个先安静下来的人——也许性格如此吧。

我开始考虑，什么才是"科学"的呢？"科学"是不是就保证了"正确"呢？

在我们读博士生时，要获得学位，不仅需要写专业的论文，还要提交一篇哲学论文，探讨"科学方法论"，并且学校也会指派一名学哲学的老师来指导。从那时候读过的资料来看，**某个事情是"科学"的，指的不是结论正确，而是它符合"科学方法"，经得起重复验证。**

举例来说，天气预报和巫师可能都会说"明天会下雨"，他们的结论都是正确的，因为第二天真的下雨了。

然而天气预报是科学的，因为它经过了一系列大气科学的计算得出了明天下雨的概率。并且如果预测错误，气象局就会承认自己错了，然后修正自己的模型，争取下次预报更得更准。

而巫师是通过别人无法理解的"与神的交流"来完成预测的，不存在概率的问题，别人也无法按照他的方法重复出他的结果。如果巫师预测不准，他会强调是人心不诚、天人交感，造成了预言不能实现。他不会改进他自己的方法，也无从改进。

三亩

清华化工博士，前强生资深研发经理。致力护肤研究十五年，热爱文字的科研工作者。

公众号：基础颜究（ID:DQbeauty）

（四）

实际上，任何一个护肤博主，无论是否有博士的头衔、是否有配方的经验，多多少少都不能摆脱"巫师"的地位——大部分的依据来自于比较遥远的医学文献，或者使用的是"体外模型"，又或者做人体试验时使用的受试者人数远远不够。

于是相当多的文章，其实只是博主的猜测——依据个人使用经验，或以前的配方经验，或者其他比较弱的证据。

而且，在可预见的将来，这种情况不会有很大的改变。

所以，随着文章越写越多，我开始变得谨慎，总强调这是我个人的思路，没有特别确凿的证据——大家不能照方抓药，否则可能变成按图索骥，差之毫厘，谬以千里。

对大家来说，最重要的还是通过我们这些"巫师"博主的文章，**去理解皮肤和产品之间的互动，根据自己的感受，不断寻觅，最终找到自己的解决方案。**

（五）

从这个角度来看，我觉得越是嗓门大的，越显得心浮气躁。动不动就为了自己的观点要和别人掐架的，可能对自己的观点本身就没有信心。毕竟，如果有人告诉你 2+2=5，或者纽约在南半球，你不会怒发冲冠地捍卫自己的观点，只是报以同情的一笑。

用探讨的精神来写"护肤"的文章，不要反复强调"科普"，可能才是真正的科学精神。

之所以写了这么多，是因为我一直记得罗素的一句话：

"这个世界的全部问题，都来自于蠢货和狂人的迷之自信，而智者常常充满疑惑。"

与你共勉。

余不一一。

顺祝
近安

三亩
2019 年 6 月 12 日

编辑手记

4 年前开始看三亩叔的文章，那是我的护肤启蒙。也差不多就是从那个时候起，我逐渐告别了自己间歇性皮肤敏感的状态。

是三亩叔让我真正理解，为什么买护肤品必须先看成分。谁都有可能遇到护肤品不适用的情况，轻则刺痛、红肿，重则爆痘、过敏，但如果你连引起问题的原因都搞不清楚，要如何避免下一次不在别的产品里遇到同样的成分呢？盲目地买、盲目地试，敏感的状态就始终有可能爆发。

科学不一定是绝对正确的，但它一定有规律、可验证、遵循科学方法的。护肤也是一样的道理，没有绝对正确的套路、绝对好的产品，我们能做的就是不断地控制变量、实践总结，用科学的方法摸清自己皮肤的规律。

我现在已经不会因为哪个明星疯狂安利、哪个产品最近风大之类的原因，而买新的护肤品了，因为我知道这些都不是产品的本质。没有人可以替代你去完成摸清自己皮肤规律的工作，化妆品销售不可以、成分党意见领袖也不可以。它就是你自己的事，越早行动、越早受益。

旅行中的抗敏感经验分享

出门不带敏感肌

撰文 郭小懒　编辑 舒卓　设计 / 插画 NA

长期在外出差旅行，一年换季二三十次、随时切换极端环境、冷热干湿排列组合……这是一个以旅行为工作的人要面对的常态。自认为坚强的皮肤，也敌不过高强度工作和环境突变的双重夹击。问题来了，就去解决它，走万里路带给我一个深刻的经验：应对敏感的根本，是需要时刻保持良好的身体状态。

意大利的红疹之吻

　　七年前去意大利出差，长途飞行又没有足够时间休息，一落地就开始了持续十来天的高强度工作。从米兰到威尼斯，再从佛罗伦萨到罗马，然后返回米兰北上瑞士边界，前后加上旅行总共待了近一个月。我的工作本身就是要深度体验当地生活、拥抱当地的一切，这就带来了很多你猝不及防的东西，比如各种过敏原。

　　在十几天的工作结束后，我正筹划着空闲的几天好好玩一玩，结果身体就开始了各种过敏反应。**先是四肢的皮肤陆续起红色的细小疙瘩，当时这也没太引起我的重视，零星几个数量不多，还以为是户外昆虫叮咬。**但用了点预防和缓解叮咬的药膏，并没有改善，胳膊和腿部的症状也越来越明显。那年意大利的夏天格外炎热，这好像加重了我的身心反应。先是脸和脖子交接的地方开始痒，然后是颧骨到鼻翼也出现了刺痒的感觉，甚至肿疼。我尝试用冰凉的矿泉水洗脸，感觉舒服了一些，但脸上类似疹子的东西也没有消退。我越来越不淡定了，整理了近几天吃过的所有东西、接触过的物品，但也没有找到原因。

　　空闲的几天之后，紧接着又是十几天的工作，预约医生根本不现实。我问了当地的朋友，我的状况应该属于绿色级别（在意大利一般会把病情分为四个级别，红色是紧急状况，黄色为严重状况，绿色是轻微状况，白色是不需要医疗手段介入的状况），而且医院只开处方，最后还是需要去药房采购。权衡之下，我让朋友帮忙在药店咨询坐堂医生，买了抗过敏药物，连吃了三天但收效甚微。

　　保险起见，我干脆彻底断掉了奶制品、海鲜、酒类、肉类、咖啡等容易致敏和刺激的食物。在药房买了支雅漾的舒缓喷雾和万能皮炎药膏 Gentalyn，药房的医生还推荐了两种抗过敏的药物，除此之外还买了欧缇丽的葡萄籽胶囊和复合维生素，也不知道到底能起多大作用，当时一心想着把能用的办法都用上。**护肤品全停掉，戴口罩出门，不洗不涂，效果是有的，在这之后起码没有再加重，有逐步缓解的趋势。**

　　这是我第一次在境外遇到脸部严重的敏感状况，回国前的十几天，一直都处在感觉要毁容的阴霾中，阳光、美食都只能屏蔽，一段旅程就这么被毁了。

郭小懒

射手座，每年三分之二的时间在旅途中度过，探险旅行爱好者，一年绕地球至少一周，玩过六十多个国家，积累了一身异地生存经验。

装着保湿、防晒产品的化妆包是我长途飞行的必备

 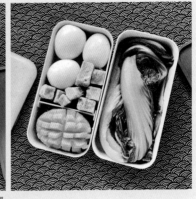

健康饮食已经融入我的生活，均衡且清淡是对皮肤的最好关照

敏感状况间歇性突袭

回国后，看了医生，做了过敏原检测，算是吃了个定心丸，心想远离过敏原就万事大吉了吧。但皮肤敏感并不能和过敏画上等号，"敏感"这个概念远比我想象中复杂。羽绒床品、山羊奶制品、花粉都能躲则躲，但那次意大利之行后，敏感状况还是会三不五时地找上门。

有次徒步，怀疑被蚊子叮咬（起初症状像蚊子包，但没能抓到现场所以也没办法百分之百确认），用了随身行李带的防蚊液、蚊虫药膏，不但没有解决反而加重，三天后才开始好转。

再后来，奥塔瓦洛集市的手工头饰、阿塔卡马沙漠的干燥、马尔代夫的紫外线都给我带来过刺痒、紧绷、红疹、脱皮等各种状况，**有段时间我常在行李中备上修丽可的 B5 保湿面膜应急，帮助缓解干燥、晒后修复，减轻泛红。**

皮肤会诚实地反映身体的健康状况

现在这些或大或小的麻烦已经离我很远了，但那两年确实比较困扰。其实真正的改变是从我全面调整自己身体状况开始的。为什么原本感觉挺健康的皮肤会在异地掉线？我总结下来还是压力、睡眠和饮食。身体是一部缜密的机器，保证完好运转的前提，就是要有充足补给和休息时间。当休息不足的时候，抵抗力也会降低，整个身体都很脆弱，面对复杂的环境因素就会让皮肤吃不消。

那次意大利之行后，我有很长一段时间小病不断，皮肤的敏感情况也基本上和这个时间段吻合。我用了近一年的时间扭转状态，其中很多良好的习惯我一直坚持到现在：饮食清淡、轻度烹饪、低 GI（血糖生成指数）、少盐，拒绝生食肉类，以及坚持运动。由于工作性质很难保证非常规律的作息，但不管到哪儿，我都会坚持健身。

出门在外，我的行李里一直都有两个化妆包，一个放随身行李，一个放行李箱。**随身要携带保湿喷雾和防晒，箱子里一定有急救面膜、晚间使用的安瓶、褪黑素、抗过敏药物、消炎药和晒后修复类产品。**而且护肤品尽量携带自己常用的，而不是买新的在旅途中尝试。出门出差旅行的次数越来越多，解决问题的能力也越来越强，应对各种突发状况的时候，也会越来越沉稳。后来，从容的心态可能也成为了我皮肤的保护层，现在的我都是自己出去玩，不带敏感肌玩啦。⑩

以下是我给敏感肌出门时的几点小建议

① 带出门的护肤品是自己平时在用的，至少是用过的。
② 及时补用防晒，及时补水，缓解皮肤压力。
③ 常备一些防止过敏的药膏和口服药，遇到突发状况早解决。
④ 很多国家的商店以及药妆店，都有医生坐堂指导非处方类药物的使用，别怕麻烦多咨询。
⑤ 睡觉永远比修图晒图更重要，休息好是整个身体正常运转的基础。

防晒霜的历史

撰文 kenjijoel 编辑 Tinco 设计 / 插画 NA

在古希腊，参加露天格斗竞技的角斗士为了减轻长时间在户外活动被阳光灼伤的肌肤刺痛感，将橄榄油抹在赤裸的身体上，并撒上少许粉末，以便于竞技时互相抓握。当时的女性纷纷效仿，**将橄榄油涂抹在裸露的手臂和小腿肌肤上，这就是最早的防晒产品。**

20 世纪 30 年代的法国，人们热衷于去海滩度假，认为古铜色的皮肤能体现有钱且生活压力小的贵族身份。但对白种人来说，他们的皮肤更容易晒伤而不容易晒黑，很有可能在海滩上躺了一天，浑身都脱皮红肿，依然黑不了。

于是法国化学家欧仁·舒莱尔开发了一款助晒油，能快速让人变黑。**它的主要原理就是屏蔽 UVB，仅让 UVA 接触皮肤。**现在的我们已经很容易理解，因为 UVB 容易让皮肤晒伤，而 UVA 则容易让皮肤变黑。这款产品在当时很快就流行起来，而他更广为人知的身份，是目前世界上最大的化妆品公司欧莱雅集团的创始人。

1938 年，同时期的奥地利化学家弗朗姿·格赖特也研制成一款防晒霜，叫"冰川霜"。**虽然它只有非常低的 SPF（防晒系数）——SPF 2，但仍然是防晒史上的里程碑。**1956年，格赖特最终定义了 SPF 这个防护体系指标，$2mg/cm^2$ 的产品使用量也成为目前国际上唯一通用的 UVB 防护指标的金标准。

另外一位美国药商本杰明·格林在 1944 年的发明才真正让防晒霜深入人心，成为被大众所接受的护肤品。据记载，这款产品有着醒目的红色，黏稠的质地类似凡士林。**他将自己的产品送给二战期间上战场的美国士兵使用，使得防晒产品开始大规模普及。**

20 世纪 50—60 年代，在防晒产品被大规模使用之后，有越来越多的研究指出，随着日晒增加，皮肤癌的病例也增加了。当时的人们觉得涂了防晒霜就是保护了皮肤，便更肆无忌惮地享受阳光，彼时的防晒产品仅着眼于 UVB 的防护，普遍忽视了 UVA 的危害。紫外线导致皮肤癌和光老化的研究，直到 70—80 年代起才受到密切关注。可以说，人类在认识紫外线上付出了非常惨痛的代价。

下面这段编年史，可以帮助你更快速地了解之后防晒剂的发展沿革：

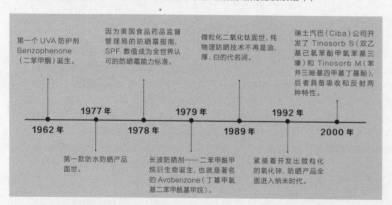

第一个 UVA 防护剂 Benzophenone（二苯甲酮）诞生。

因为美国食品药品监督管理局的防晒霜指南，SPF 数值成为全世界认可的防晒霜能力标准。

微粒化二氧化钛面世，纯物理防晒技术不再是油、厚、白的代名词。

瑞士汽巴（Ciba）公司开发了 Tinosorb S（双乙基己氧苯酚甲氧苯基三嗪）和 Tinosorb M（苯并三唑基四甲基丁基酚），后者具备吸收和反射两种特性。

| 1962 年 | 1977 年 | 1979 年 | 1992 年 | |
| 1962 年 | 1978 年 | 1989 年 | | 2000 年 |

第一款防水防晒产品面世。

长波防晒剂——二苯甲酰甲烷衍生物诞生，也就是著名的 Avobenzone（丁基甲氧基二苯甲酰基甲烷）。

紧接着开发出微粒化的氧化锌，防晒产品全面进入纳米时代。

21 世纪以来，越来越多的新科技被运用在了防晒产品里。例如：乐敦的滤光技术，可以仅让某个波段的红光和蓝光接触到皮肤，起到改善肤质的效果；Heliocare 360°的拓宽遮蔽波段技术，可以减少高能红外光和可见光的损伤；倩碧的生物防晒技术，用生物制剂阻断紫外线诱导过量自由基，减少光损伤。

新型防晒成分的开发依然在不断进行中，防晒产品的安全性和效果，以及对环境的友好度，都还有很大的进步空间。🞛

Kenjijoel

畅销书《护肤品全解码》、《防晒宝书》作者，美妆博主。

公众号：kenjijoel（ID: kenjijoel）

皮肤敏感别害怕，
"激素脸"也能被治愈

撰文 严淑贤　插画 Judy

非常有幸在《再见，敏感肌！》上市前，读到了这本书。其实"敏感性皮肤"在学界也是一个发展中的概念，《中国敏感性皮肤诊治专家共识》2017 年才发布，许多问题尚未有明确的定论。我很认可清单编辑部用探讨性的方式撰写了这本接地气的科普读物，从专业人士、编辑和患者等多个视角来探讨敏感皮肤的问题，很多内容对读者来说非常实用、有可操作性。

作为一名多年工作在临床一线的皮肤科医生，看到开篇 Hana 和李叨叨的故事让我很触动。尤其是 Hana，她患上激素依赖性皮炎的原因以及对此的错误认知，有非常普遍的典型性。一些违法添加了激素的护肤品，之所以会产生明显让皮肤变白、变亮的即时效果，是因为激素本身就是很强的血管收缩剂。**但长期使用激素，就会使得血管反弹性扩张，它的收缩功能"瘫痪"了，就发展成了慢性的皮肤炎症。**

很多人误以为是激素附着在皮肤上，才引发了一系列皮肤问题，所以要把蓄积在皮肤里的激素代谢掉，并把这个过程说成是"排毒"。但从病理机制来讲，这个观点是错误的。**激素并不会一直储存在皮肤内，但长期使用激素会导致皮肤组织细胞结构代谢的紊乱。**通俗来讲，是激素让皮肤屏障受损并导致血管的扩张甚至增生，从而引发了一系列皮肤问题。

一方面，角质层的保水能力下降，皮肤就变得特别干燥、容易脱屑；另一方面，因为屏障的隔绝和保护功能被削弱，皮肤免疫细胞就有了更多的机会接触到外界的过敏原和刺激源，导致瘙痒、灼热、疼痛等高反应症状。即便在治疗后，这些症状可能还会反复发作，因为免疫细胞本身有"记忆"能力，对外界刺激的反应比皮肤健康时更加敏感了。

而我特别希望表达的是，如果一旦不幸被确诊为激素依赖性皮炎，也不必恐慌和绝望，它是可以被治愈的。确诊后，一定要遵循医生的建议，在恰当的时期采取恰当的措施。譬如早期戒断症状严重，可能会冒小疙瘩或流黄水，可以通过口服药物来减轻炎症反应；恢复期逐步使用仿生脂质原理的护肤品，来帮助皮肤屏障的修复；维稳期还可以通过激光的手段，改善血管扩张的症状。

如果治疗后依然反复出现过敏的情况，可以通过抽血、斑贴试验等方式来筛查过敏原，有意识地避免接触。同时，精神状态紧张、抑郁等心理原因也有可能加重皮肤问题，可以结合心理咨询辅助治疗来摆脱困扰。当然，**针对激素依赖性皮炎，预防是最重要的**，面部不要随意涂抹含激素的药物，一定要在正规渠道购买护肤品。

而李叨叨的故事，则让我看到了一个从技术流的角度来研究敏感肌的态度。就像他后来自己意识到的那样，实际上让皮肤敏感的并不是某款护肤品，而是在护肤思路上本末倒置了。基础性的保湿、防晒护肤一定是最重要的，基础的做到了再去谈祛痘、美白、抗皱等功效性护肤，因为这些是需要建立在耐受性强的健康皮肤基础上的。

最后提一点忠告，不要只从成分来理解护肤品的功效，制作工艺、配方体系也起着决定性的作用。每一款产品都是一个综合的系统，如果仅凭成分来判断一款产品，很可能是武断的、片面的、有失严谨的。这也正是开头我所提到的，清单编辑部采用"探讨性的方式"的可贵之处，许多问题或许没有定论，但我们可以选择用全面的、多元的、发展的眼光来学习和研究。

只要掌握积极的心态、科学的方法，"激素脸"尚且可以被治愈，"敏感肌"人群更不必害怕。

严淑贤

复旦大学附属华山医院皮肤科副主任医师、医学博士、硕士研究生导师，先后参与《中国敏感性皮肤诊治专家共识》的制定及《皮肤激光医学与美容》《皮肤美容激光与光子治疗》等专著的编写。

脱敏

编辑 / 监制　舒卓
摄影　王海森
妆发造型　和平（和平范店）
模特　杨璐溪
摄影助理　陈子建
场地　SenSpace

不想照镜子不想出门，用什么都不对，不适感如影随形。
皮肤的敏感状态像一池污水，把我淹没在水底。

只有自己才能真正治愈自己。
下定决心，整理生活、重启身心，过程漫长但别无选择。

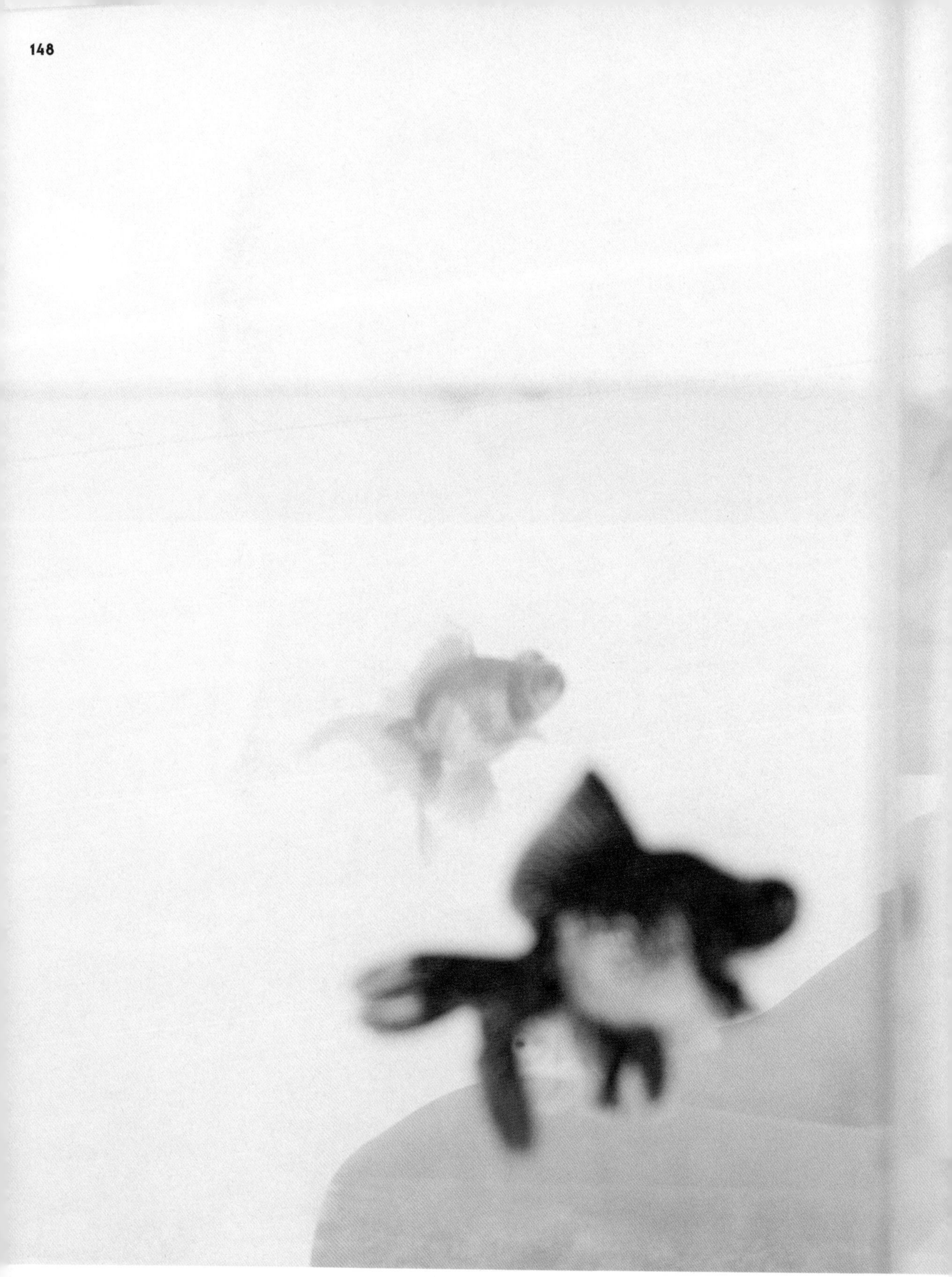

清爽、舒适、解脱，被治愈的不只是脸。
掌控自己的皮肤状态，摆脱困窘，收获自在。

参考文献

[1] 霍纳里,安德森,迈巴赫.敏感性皮肤综合征:第2版 [M].杨蓉娅,廖勇,译.北京:北京大学医学出版社,2019.

[2] 德拉罗斯.药妆品:第3版 [M].许德田,译.北京:人民卫生出版社,2018.

[3] 杨梅,李忠军,傅中.化妆品安全性与有效性评价 [M].北京:化学工业出版社,2016.

[4] 何黎,郑志忠,周展鹏.实用美容皮肤科学 [M].北京:人民卫生出版社,2018.

[5] 董银卯,孟宏,马来记.皮肤表观生理学 [M].北京:化学工业出版社,2019.

[6] 董银卯,李丽,刘宇红,等.化妆品植物原料开发与应用 [M].北京:化学工业出版社,2019.

[7] 培冈,拜伦,斯托达尔.带着我去化妆品柜台 [M].薛瑶,译.北京:新世界出版社,2015.

[8] 鲍曼.专属你的解决方案:完美皮肤保养指南 [M].洪绍霖,孙秋宁,译.北京:北京大学医学出版社,2014.

[9] 布拉塞尔.消失的微生物:滥用抗生素引发的健康危机 [M].傅贺,译.长沙:湖南科学技术出版社,2016.

[10] 阿德勒.皮肤的秘密:关于人体最大器官的一切 [M].刘立,译.北京:东方出版社,2019.

[11] 崔玉涛.绕得开的食物过敏 [M].北京:北京出版社,2016.

[12] 冰寒.听肌肤的话:第2版 [M].青岛:青岛出版社,2019.

[13] Kenji.防晒宝书:打响你的肌肤保卫战! [M].北京:人民邮电出版社,2017.

[14] 中华医师协会皮肤科医师分会.面膜类产品选择和使用专家共识:2019科普版 [R/OL].(2019-5-25)[2019-6-1].https://mp.weixin.qq.com/s/RKhgAAcsfnc2QXwAvxbDCQ.

[15] 何黎,郑捷,马慧群,等.中国敏感性皮肤诊治专家共识 [A].中国皮肤性病学杂志,2017,31(1):1-4.

[16] 何黎.皮肤屏障与保湿 [A].实用医院临床杂志,2009,6(2):25-27.

[17] 廖勇,敖俊红,杨蓉娅.瘙痒研究国际论坛敏感性皮肤兴趣组《敏感性皮肤定义专家共识》解读 [A].实用皮肤病学杂志,2017,10(4):219.

[18] 赵钰敏,项蕾红.果酸在皮肤科的应用 [J].中国麻风皮肤病杂志,2016,38(8):500-504.

[19] 袁李梅,邓丹琪.防晒剂的特性及应用 [A].皮肤与性病,2009,31(2):20-23.

[20] 周宏飞,黄炯,寿露,等.防晒剂的研究进展 [A].浙江师范大学学报(自然科学版),2017,40(2):206-213.

[21] Meding , Grönhagen, Bergström. Water Exposure on the Hands in Adolescents: A Report from the BAMSE Cohort[J]. Acta Derm Venereol. 2017 ,97(2).

[22] Zeeuwen, Boekhorst. Microbiome dynamics of human epidermis following skin barrier disruption[J]. Genome Biology, 2012, 13(11).

[23] Feingold. Thematic review series: skin lipids: The role of epidermal lipids in cutaneous permeability barrier homeostasis[J]. Journal of Lipid Research, 2007, 48(12).

鸣谢

- 北京协和医院皮肤科主任医师、教授孙秋宁
- 复旦大学附属华山医院皮肤科副主任医师严淑贤
- 上海市皮肤病医院院副主任医师袁超
- 北京爱育华妇儿医院妇产科主任、原304医院妇产科主任张琳

- 欧阳泽龙医美诊所院长、原301医院皮肤科副主任医师焦泽龙
- 德之馨化妆品原料部大中华区总监梅鹤祥
- maicy美希联合创始人简江
- 蜜丝莲娜科技美肤中心创始人张小莲、联合创始人马娜

- 公众号"基础颜究"创始人三亩
- 公众号"kenjijoel"创始人Kenji
- 新浪微博"Mister 鑫"主理人李鑫
- 东南大学医学博士学医喵大小刘
- 复旦大学生命科学学院硕士王伟
- 果麦文化传媒公司董事长金波

护
·
肤
·
手
·
账

最了解你皮肤的，只有你自己。

敏感期

清·单

① 用清水洗脸，水温不要过高，冷水同样有镇静、舒缓的作用。

② 应激症状缓解后可以用温和的洗面奶，避免肥皂，始终注意保湿。

③ 敷面膜、用喷雾和化妆水都不算"保湿"，乳液和面霜才算。

④ 一定要防晒，可以选择遮阳帽、遮阳伞、长袖长裤的方式。

⑤ 防晒 ABC 原则：能不晒就别晒（Avoid），能遮挡就遮挡（Block），最后再考虑防晒霜的保护（Cream）。

⑥ 除了清洁、保湿、防晒，其他护肤步骤都省去，不要化妆。

⑦ 尽量避免环境刺激，包括雾霾、大风、室内外温差，如果在过冷或过热环境中（比如空调房、机舱），多涂一些保湿产品。

⑧ 不做这些美容项目：脱毛、染发、做指甲、芳疗、用加热眼罩等。

⑨ 不吃刺激性强的食物，忌抽烟、喝酒。

⑩ 如果红肿、瘙痒、刺痛、严重脱皮持续数日没有好转，要尽快就医。

睡眠

23:30 - 7:00，一觉睡到大天亮～

饮食

早餐：玉米 + 鸡蛋 + 咖啡
午餐：煎牛肉沙拉
加餐：酸奶 + 桃子
晚餐：多宝鱼 + 西蓝花 + 西红柿鸡蛋汤 + 杂米饭

心情

食欲一般，可能太热了，想出汗想吃冰激凌！
换了 Acca Kappa 的绿橘沐浴露，好闻，洗澡开心～

运动

遛狗 40 分钟
跑步 30 分钟 (4.2 公里)
拉伸 10 分钟

皮肤状况

只用清水洗脸，灼热、紧绷感有缓解，
使用喷雾减少，没那么依赖了。
继续用玉泽，修护屏障精华 + 面霜。

睡眠

饮食

心情

运动

皮肤
状况

第
一
天

睡眠

饮食

心情

运动

皮肤
状况

睡眠

饮食

心情

运动

皮肤
状况

睡眠

饮食

心情

运动

皮肤
状况

睡眠

饮食

心情

运动

皮肤
状况

睡眠

饮食

心情

运动

皮肤
状况

年　　月　　日　　　　　　　　　　　　　　　　　星期

睡眠

饮食

心情

运动

皮肤
状况

年　　月　　日　　　　　　　　　　　　　　　星期

睡眠

饮食

心情

运动

皮肤
状况

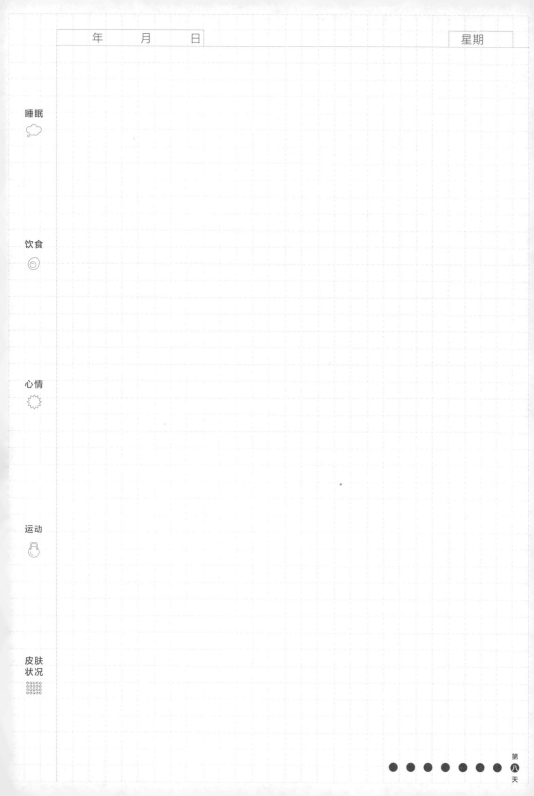

维稳期

① 做一下全面的肤质测试，了解自己到底是什么肤质，有哪些值得重视的皮肤问题。

② 任何肤质包括油皮，都要温和清洁，首选 APG、氨基酸表活，皂基几乎都不温和（除了和其他表活复配的），不要用肥皂。

③ 洗脸刷、磨砂膏、去角质产品都属于"用力较猛"的清洁方式，一定不要高频使用。

④ 尽量不化妆，避免卸妆；如果卸妆，使用二合一的洁面产品，只洗一遍脸。

⑤ 买护肤品选成分表尽可能简洁的，尽量避免这几类成分：香精、乙醇和变性乙醇、着色剂、薄荷醇和部分防腐剂。

⑥ 坚持用有修护皮肤屏障功能的产品，稳定一段时间没有再敏感以后，再考虑美白、祛痘、抗老的需求。

⑦ 重视防晒，尤其是多云天气、室内窗边、开车等情况下，尽量避免阳光直射皮肤，能遮挡就遮挡，防晒霜是保底的措施。

⑧ 在常温、阴凉处储存化妆品，开封后尽快用完，避免过期。

⑨ 饮食结构要丰富，烹饪方式要简单，少吃油炸、烧烤、腌制类食品。

⑩ 规律作息，坚持运动。

睡眠	00:00-7:00，争取再早半小时准备入睡

饮食

早餐：煎饼果子（不要脆饼，两个鸡蛋）
午餐：煎银鳕鱼沙拉配杂粮米饭
加餐：香蕉 + 每日坚果1包
晚餐：土豆牛肉 + 油麦菜 + 红薯 + 冬瓜汤

心情

有点忙，要辟出时间放松身心，
做完普拉提很开心！

运动

遛狗 40 分钟，普拉提1小时

皮肤状况

感觉有点暗沉，可能最近防晒没有太注意，
遛狗一定不能忘记戴帽子，阴天也要戴！
额头爆了一颗痘痘，T区夏天有必要分开护理。
也可能是运动前卸妆太匆忙，没有把脸洗干净，下次要注意。

示例

年　　　月　　　日　　　　　　　　星期

睡眠 	
饮食	
心情	
运动	
皮肤状况	

第一天

年　　　　月　　　　日　　　　　　　　　　　星期

睡眠	
饮食	
心情	
运动	
皮肤状况	

第　一　天　● ● ○ ○ ○ ○ ○ ○

年　　　月　　　日　　　　　　　星期

睡眠	
饮食	
心情	
运动	
皮肤状况	

第三天

睡眠	
饮食	
心情	
运动	
皮肤状况	

睡眠	
饮食	
心情	
运动	
皮肤状况	

年　　　月　　　日　　　　　　星期

睡眠	
饮食	
心情	
运动	
皮肤状况	

睡眠	
饮食	
心情	
运动	
皮肤状况	

年　　　　月　　　　日　　　　　　　　　星期

睡眠	
饮食	
心情	
运动	
皮肤状况	

第八天

好习惯

护肤预算规划

基本思路

❶ 清洁、保湿、防晒产品是刚需,消耗快、单价低,可以适量囤。

❷ 在皮肤稳定的情况下,可以把预算主要放在有功效成分的精华上,提前做足功课,没用过的品牌先从小容量的开始买,适合的再坚持长期用。

❸ 面膜可以偶尔应急用,不用高频买。

❹ 医美项目(或家用美容仪),可以根据皮肤情况、自身需求和医生建议做,但一定要去正规医疗美容机构或医院,不要去没有资质的美容院。 ●

全年护肤预算	10,950 元
个人情况	28 岁，北方干燥地区， 皮肤整体偏干、耐受能力好，偶尔长痘，毛孔粗大， 色沉严重，嘴唇超干。
护肤诉求	以抗老和维持肤色为主。
基础护肤 6750 元	清洁 200x6=1200 元，面霜 300x6=1800 元， 防晒 200x12=2400 元，身体乳 150x5=750 元， 润唇膏 50x12=600 元。(夏天出油多，精华之后直接用防晒， 不需要额外的保湿产品。)
功效护肤 4200 元	抗老精华 400x6=2400 元， 美白精华 300x6=1800 元。

全年护肤预算	
个人情况	
护肤诉求	
基础护肤	
功效护肤	

不适合自己的护肤品总结

产品	感受	可疑成分或原因	举例
ALBION 健康水	用时有明显刺痛感,连续用1~2次就会冒痘。停用了一段时间,想再试试,结果还是一样。	怀疑是高浓度酒精。看了成分表乙醇排第二位。但用一些含酒精的防晒产品也没有不适感,以后需要尽量避免高浓度酒精产品。	
洗颜专科柔澈泡沫卸妆乳液	洗完脸干得厉害,即使后续抹面霜,脸颊还是不够滋润。	皂基类洁面。排名前五的成分中,有两个酸一个碱。即使后面还有氨基酸+甜菜碱表活,但皂基的比例还是太高了。作为干皮,会看成分后不可能再用大皂基洁面了。	
宝拉珍选水杨酸焕采精华液	对比同类2%水杨酸的产品,这款副作用出现太快,过于激进,脱皮明显,影响日常化妆。	配方太粗糙,舒缓、保湿搭配太少,导致干燥、脱皮的情况太明显。	

产品	感受	可疑成分或原因

产品	感受	可疑成分或原因

产品	感受	可疑成分或原因

产品	感受	可疑成分或原因

产品	感受	可疑成分或原因

营养参考

❶ 食材种类要丰富：每天建议摄入 12 种食物以上，每周 25 种以上，食材种类尽量丰富、均衡。

❷ 多吃谷薯：碳水化合物类，也是我们常说的"主食"，其实可以有更健康的选择：红薯、紫薯、山药、玉米、粗粮米饭都可以，多吃五谷杂粮，减少精米白面占主食的比例。

❸ 多吃蔬菜：蔬菜的摄入量应该和主食接近，其中深色蔬菜建议占 1/2 以上，除了深绿色之外，橘红色（例如胡萝卜）、紫色（例如紫甘蓝）都属于深色蔬菜。

❹ 多吃奶制品、豆制品：中国人普遍奶制品摄入不足，如果完全不吃有可能导致钙摄入不足,奶制品和豆制品都富含钙、优质蛋白质和 B 族维生素。

❺ 适量吃高蛋白、低脂肪的肉类：蛋白质类建议每餐都摄取一些,动物蛋白主要就是"鱼、禽、蛋、肉"，尽量选择高蛋白、低脂肪的鱼类和瘦肉。

❻ 控糖：每天建议添加糖的摄入量在 25 克以内，包括做饭时你会吃进去的糖，所以尽可能少吃含糖量高的零食，戒掉含糖饮料。

❼ 维生素 C、E、A 和必需脂肪酸都是维护皮肤健康状态的重要营养素，酸枣、山楂、西红柿、橙、坚果、植物油、胡萝卜、西蓝花等都是皮肤容易敏感的人群需要注意补充的食品。●

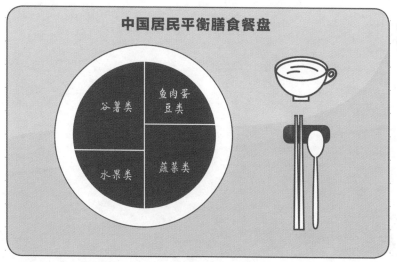

谷薯类：蔬菜类：鱼肉蛋豆类：水果类 ≈ 3：3：2：2

谷薯：玉米（早饭）、面条（午饭）、杂粮饭（晚饭）

蔬菜：西蓝花 + 青椒（午饭）、地瓜叶 + 西红柿（晚饭）

鱼肉蛋豆：鸡蛋（早饭）、鸡肉 + 毛豆 + 排骨（午饭）、鱼 + 虾米（晚饭）

水果：西柚 + 香蕉

其他：牛奶 200 毫升 + 坚果一小把

参考资料：《中国居民膳食指南（2016）》